"创新设计思维"
数字媒体与艺术设计类新形态丛书

全|彩|微|课|版

# After Effects 2022

## 影视后期制作实战教程

互联网＋数字艺术教育研究院 策划

韩嫣 编著

人民邮电出版社
北京

**图书在版编目（ＣＩＰ）数据**

After Effects 2022影视后期制作实战教程：全彩微课版 / 韩嫣编著. -- 北京：人民邮电出版社，2023.4（2023.12重印）
（"创新设计思维"数字媒体与艺术设计类新形态丛书）
ISBN 978-7-115-61252-6

Ⅰ．①A… Ⅱ．①韩… Ⅲ．①图像处理软件－教材
Ⅳ．①TP391.413

中国国家版本馆CIP数据核字(2023)第034965号

## 内 容 提 要

本书主要讲解使用 After Effects 2022 进行影视后期制作的理论知识，并结合实例讲解操作方法。全书共 11 章，主要内容包括 After Effects 基础、After Effects 2022 影视后期制作流程、图层效果、蒙版工具、视频效果、调色效果、抠像效果、跟踪与表达式、文字效果、三维合成效果，以及综合案例。

本书结合丰富的案例，详细介绍了软件的实际操作，并由浅入深地讲解了 After Effects 2022 在影视后期制作中的操作技巧，旨在培养读者的设计思维，提高读者的实际操作能力。同时，所有实例、实战训练、综合案例均配有微课视频，读者扫描二维码即可观看。

本书可作为普通高等院校数字媒体技术、数字媒体艺术、影视摄影与制作、广播电视编导等相关专业的教材，也可作为从事影视制作、栏目包装制作、电视广告制作、后期编辑与合成相关工作人员的参考书。

◆ 编　著　韩　嫣
　　责任编辑　许金霞
　　责任印制　王　郁　陈　犇
◆ 人民邮电出版社出版发行　　北京市丰台区成寿寺路 11 号
　　邮编　100164　电子邮件　315@ptpress.com.cn
　　网址　https://www.ptpress.com.cn
　　雅迪云印（天津）科技有限公司印刷
◆ 开本：787×1092　1/16
　　印张：14　　　　　　　　　　2023 年 4 月第 1 版
　　字数：421 千字　　　　　　　2023 年 12 月天津第 2 次印刷

定价：79.80 元

读者服务热线：(010)81055256　印装质量热线：(010)81055316
反盗版热线：(010)81055315
广告经营许可证：京东市监广登字 20170147 号

# 前 言

After Effects 2022是由Adobe公司推出的一款视频动画编辑及特效制作软件，其功能非常强大，应用范围也非常广泛。使用After Effects可以合成和制作电影片段、视频广告、字幕、栏目片头及UI动效等。After Effects保留了Adobe系列软件优秀的兼容性。在After Effects中可以便捷地导入用Photoshop、Illustrator等软件制作的图像，并保留图层，还可以导入在3ds Max或Maya中制作的三维对象。此外，After Effects还内置了上百种不同功能的特效，这些都能够帮助用户高效、精确地制作精彩的视频动画效果。

本书是专为影视后期制作人员编写的实例型图书，根据编者的教学与实践经验，为想在较短时间内学习并掌握After Effects、学习影视制作中的常用方法和技巧的读者量身打造，所有实例都是编者多年设计工作的积累。

## 本书特点

本书精心设计了"知识讲解+实例+实战训练+综合案例"等教学环节，遵循读者吸收知识的过程，能有效激发读者的学习兴趣，培养读者举一反三的能力。

知识讲解：讲解重要的知识点和常用的软件功能、操作技巧等。

提示：讲解重要的操作细节或扩展知识。

实操案例：结合每章知识点设计实操案例，帮助读者理解与掌握所学的知识。

实战训练：结合本章内容设计难度适中的练习题，提高读者的实战能力。

综合案例：结合全书内容设计综合案例，培养读者综合应用的能力。

精选行业案例

配套案例资源

解析设计思路

强化实战技能

配套微课视频

详述操作步骤

## 本书内容

本书是After Effects 2022影视后期制作从基础入门到提高的图书，全书共11章，各章内容简介如下：

第1章详细讲解After Effects 2022中的常用面板和菜单等，帮助读者熟悉After Effects 2022，掌握After Effects 2022中各种工具的使用方法。

第2章主要讲解After Effects 2022影视后期的制作流程。

第3章和第4章主要讲解After Effects 2022中图层和蒙版的应用。

第5章主要讲解After Effects 2022中常用的视频效果。

第6章和第7章主要讲解After Effects 2022中调色和抠像的应用。

第8～10章主要讲解After Effects 2022中跟踪与表达式、文字、三维合成的应用。

第11章为综合案例，综合运用前面所学的知识，帮助读者进行影视后期制作。

## 教学资源

本书提供了丰富的教学资源，读者可登录人邮教育社区（www.ryjiaoyu.com），在本书页面中下载。

微课视频：本书所有实例配套微课视频，扫描书中二维码即可观看。

素材和效果文件：本书提供了所有实例需要的素材和效果文件，素材和效果文件均以案例名称命名。

素材文件

效果文件

教学辅助文件：本书提供PPT课件、教学大纲、教学教案、拓展案例库、拓展素材资源等。

PPT课件

教学大纲

教学教案

拓展案例库

拓展素材资源

编者

2023年3月

# 目 录

## 第 1 章
## After Effects基础

## 第 2 章
## After Effects 2022 影视后期制作流程

## 第 3 章
## 图层效果

# 第8章

# 跟踪与表达式

# 第9章

# 文字效果

# 第10章

# 三维合成效果

# 第11章

# 综合案例：炫酷霓虹灯片头的制作

# 本书微课视频清单

1.3　After Effects基础

2.5　实战训练：全高清合成

3.2.1　实例：飞舞组合字的制作

3.2.2　实例：宇宙小飞碟的制作

3.3　实战训练：快闪动画的制作

4.2.1　实例：粒子文字的制作

4.2.2　实例：视差遮罩动画的制作

4.3　实战训练：粒子破碎效果的制作

5.2.1　实例：闪白效果的制作

5.2.2　实例：水墨画效果的制作

5.2.3　实例：修复逆光照片

5.2.4　实例：动感模糊文字的制作

5.2.5　实例：透视光芒效果的制作

5.2.6　实例：放射光芒效果的制作

5.2.7　实例：降噪

5.2.8　实例：气泡效果的制作

5.3　实战训练：手绘效果的制作

6.2.1　实例：季节更替效果的制作

6.2.2　实例：冷色氛围处理

6.2.3　实例：复古色调卡片的制作

6.2.4　实例：天色变换效果的制作

6.2.5　实例：去色保留视频的制作

6.2.6　实例：公交车颜色变换效果的制作

6.3　实战训练：水墨画效果的制作

7.2.1　实例：促销广告的制作

7.2.2　实例：手机屏幕画面替换效果的制作

7.3　实战训练：复杂抠图

8.2.1　实例：单点跟踪

8.2.2　实例：跟踪对象运动

8.3　实战训练：放大镜效果的制作

9.2.1　实例：粒子汇聚为文字的制作

9.2.2　实例：打字效果的制作

9.3　实战训练：烟飘文字的制作

10.2.1　实例：运动文字的制作

10.2.2　实例：立体盒子相册的制作

10.3　实战训练：穿梭的热气球

第11章　综合案例：炫酷霓虹灯片头的制作

# 第 1 章　After Effects基础

**本章导读**

　　After Effects（简称AE）是Adobe公司推出的一款视频编辑与特效制作软件，其功能强大、应用范围广泛。本章主要介绍After Effects的应用领域、After Effects 2022的工作界面、相关基础知识与面板、工具栏、菜单等。

**学习要点**

- 常见的电视制式
- 帧速率
- 分辨率
- 面板与工具栏
- 菜单

## 1.1　初识After Effects

　　本节主要讲解After Effects的应用领域和工作界面等内容。

### 1.1.1　After Effects的应用领域

　　学会After Effects能做什么？这应该是每一位学习After Effects的读者最关心的问题。After Effects的功能非常强大，应用领域非常广泛。熟练掌握After Effects，可以为我们打开更多的设计大门，让我们在择业时有更多选择。After Effects的应用领域主要包括电视栏目包装、影视片头、宣传片、影视特效合成、广告设计、MG、自媒体、短视频、Vlog、UI动效等。

　　1. 电视栏目包装

　　After Effects非常适用于制作电视栏目包装。电视栏目包装是对电视节目、栏目、频道或电视台的整体形象进行的一种特色化、个性化的包装，其目的是突出节目、栏目、频道或电视台的个性和特色，增强观众对节目、栏目、频道或电视台的识别能力，建立持久的节目、栏目、频道或电视台的品牌地位，让整个节目、栏目、频道或电视台保持统一的风格，给观众带来更佳的视觉体验，如图1-1所示。

　　2. 影视片头

　　为了给观众更好的视觉体验，电影、电视剧、微视频等作品通常都会设计极具特点的片头、片尾效果，其目的在于既让观众有好的视觉体验，又展示该作品的特色镜头、特色剧情、独特风格等。除After Effects外，Premiere也是常用的视频效果制作软件，用这两款软件制作的效果如图1-2所示。

图1-1                                                                图1-2

### 3. 宣传片

After Effects能在仪式宣传片（如婚礼纪实）、企业宣传片（如企业品牌形象展示）、活动宣传片（如运动会宣传）等的制作中发挥巨大的作用，如图1-3所示。

### 4. 影视特效合成

After Effects中功能最强大的就是特效。大部分电影中都有"造假"的镜头，这是因为很多镜头在现实拍摄中不易实现，如爆破、飞行、在高楼之间跳跃、火海等，而在After Effects中则比较容易实现。拍摄完成后，若发现拍摄的画面有瑕疵需要调整，那么其后期处理中的特效制作、抠像、合成、配乐、调色等都可以在After Effects中实现，如图1-4所示。

图1-3                                                                图1-4

### 5. 广告设计

广告设计的目的是宣传产品、活动、主题等内容，新颖的构图、炫酷的动画、舒适的色彩搭配、引人注意的特效是广告的重要组成部分。如今，电商平台越来越多地使用视频作为广告形式，如淘宝、京东、今日头条等，使得产品更具吸引力，如图1-5所示。

### 6. MG

MG的全称为Motion Graphics，直译为动态图形或图形动画，是近几年非常流行的动画风格。动态图形可以解释为会动的图形，是影像艺术的一种。如今，MG已经发展成一种主流的动画风格，扁平化、多使用点线面元素、抽象、简洁是它最大的特点，如图1-6所示。

图1-5 图1-6

### 7. 自媒体、短视频、Vlog

随着移动互联网的不断发展，移动端出现了越来越多的视频社交App，如抖音、快手、微博等。这些App容纳了很多自媒体、短视频、Vlog等内容，而这些内容都需要进行简单包装，如创建文字动画、添加动画元素、设置转场、增加其他特效等，如图1-7所示。

### 8. UI动效

UI动效主要指针对在手机、平板电脑等移动端设备上运行的app进行的动画效果设计，如图1-8所示。随着硬件设备性能的提升，动效已经不再是视觉设计中的"奢侈品"。UI动效可以解决很多实际问题，比如使动画的过渡更平滑舒适，增加用户的乐趣，增强人机互动感，增进用户对产品的理解，提升用户对产品的体验。

图1-7 图1-8

## 1.1.2 After Effects 2022的工作界面

下面以After Effects 2022为例介绍其工作界面。After Effects 2022的工作界面主要由标题栏、菜单栏、"效果控件"面板、"项目"面板、"合成"面板、"时间轴"面板及其他控制面板组成，如图1-9所示。在After Effects 2022的工作界面中单击某一面板时，该面板的边缘会显示蓝色框。

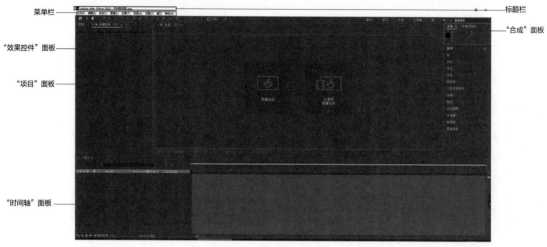

菜单栏 —————

"效果控件"面板 ——

"项目"面板 ——

"时间轴"面板 ——

————— 标题栏

————— "合成"面板

图1-9

## 功能介绍

- 标题栏：主要用于显示软件版本、文件名称等基本信息。
- 菜单栏：按照功能分组排列菜单命令，包括"文件""编辑""合成""图层""效果""动画""视图""窗口""帮助"9个菜单。
- "效果控件"面板：主要用于设置效果的参数。
- "项目"面板：主要用于存放、导入及管理素材。
- "合成"面板：主要用于预览"时间轴"面板中的图层合成效果。
- "时间轴"面板：主要用于组接或编辑视频与音频、修改素材参数、创建动画等，大多数编辑工作都需要在"时间轴"面板中完成。
- "效果和预设"面板：主要用于为素材文件添加各种视频、音频、预设效果。
- "信息"面板：主要用于显示选中素材的相关信息。
- "音频"面板：主要用于显示混合声道输出音量的大小。
- "库"面板：主要用于存储数据的合集。
- "对齐"面板：主要用于设置图层的对齐方式与分布方式。
- "字符"面板：主要用于设置文本的相关属性。
- "段落"面板：主要用于设置段落文本的相关属性。
- "跟踪器"面板：主要用于设置跟踪摄像机、跟踪运动、变形稳定器、稳定运动。
- "画笔"面板：主要用于设置画笔的相关属性。
- "动态草图"面板：主要用于设置路径采集等相关属性。
- "平滑器"面板：主要用于对运动路径进行平滑处理。
- "摇摆器"面板：主要用于制作动态摇摆的画面效果。
- "蒙版插值"面板：主要用于创建蒙版路径的关键帧。
- "绘画"面板：主要用于设置绘画工具的不透明度、颜色、流量、模式及通道等。

## 1.2 After Effects相关基础知识

本节主要讲解After Effects相关基础知识。在正式学习After Effects之前，我们应该对相关的影视理论有简单的了解，对影视作品的规格、标准有清晰的认识，了解常见的电视制式、帧速率、分辨率、像素长宽比、文件格式。

## 1.2.1 常见的电视制式

电视信号的标准称为电视制式。各国的电视制式不尽相同，区别主要在于帧频（场频）、分辨率、信号带宽与载频，以及色彩空间的转换关系上。目前，主要的电视制式有PAL、NTSC、SECAM这3种。我国的大部分地区都使用PAL制，日本、韩国、东南亚地区与美国等则使用NTSC制，俄罗斯使用的是SECAM制。

#### 1. PAL制

正交平衡调幅逐行倒相制（Phase Alternative Line，简称PAL制）是于1962年制定的彩色电视广播标准，采用逐行倒相正交平衡调幅的技术，克服了NTSC制因相位敏感而造成色彩失真的缺点。我国的大部分地区、英国、新加坡、澳大利亚、新西兰等都采用这种制式。这种制式的帧速率为25帧/秒，每帧625行312线，标准分辨率为720像素×576像素。

#### 2. NTSC制

正交平衡调幅制（National Television Systems Committee，简称NTSC制）是1952年由美国国家电视标准委员会制定的彩色电视广播标准，采用正交平衡调幅技术。美国、加拿大、日本、韩国、菲律宾等均采用这种制式。这种制式的帧速率为29.97帧/秒，每帧525行262线，标准分辨率为720像素×480像素。

#### 3. SECAM制

行轮换调频制（Sequential Couleur Avec Memoire，简称SECAM制）按顺序传送彩色信号与存储恢复彩色信号。SECAM制是由法国在1956年提出、1966年制定的。它克服了NTSC制的失真缺点，采用时间分隔法来传送两个色差信号。采用这种制式的有法国、俄罗斯和东欧的一些国家。这种制式的帧速率为25帧/秒，每帧625行312线，标准分辨率为720像素×576像素。

## 1.2.2 帧速率

帧速率是指画面每秒传输的帧数，通俗来讲就是动画或视频每秒播放的画面数，而帧是视频中最小的时间单位。例如，我们说的30帧/秒是指一秒播放30幅画面，因此帧速率为30帧/秒的视频在播放时会比帧速率为15帧/秒的视频要流畅很多。在新建合成时，可以选择"预设"的类型，"帧速率"会自动设置，如图1-10和图1-11所示。

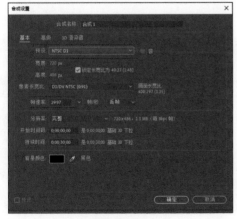

图1-10

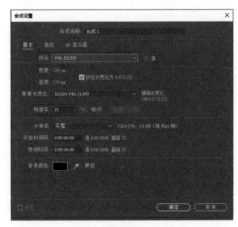

图1-11

我们经常听到的4K、2K、1920、1080、720等都指的是作品的分辨率。分辨率是用于度量图像内数据量多少的一个参数。例如，分辨率为720像素×576像素是指该作品在横向和纵向上的有效像素分别为720和576，因此在小屏幕上播放该作品时会比较清晰，而在大屏幕上播放该作品时，由于作品本身像素不够，就会显得比较模糊。在数字技术领域，通常采用二进制运算，而且用构成图像的像素的多少来描述数字图像的大小。当像素数量巨大时，通常以K来表示。2的10次方等于1024，即1K=1024，那么2K=2048，4K=4096。

打开软件后，单击"新建合成"按钮，如图1-12所示。在打开的"合成设置"对话框的"预设"下拉列表中有很多不同分辨率的预设类型可供选择，如图1-13所示。

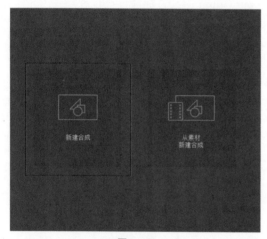

图1-12

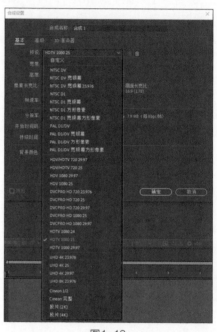

图1-13

设置"宽度"和"高度"的数值后（如设置"宽度"为720、"高度"为480），在数值右侧会自动显示"锁定长宽比为3∶2(1.50)"复选框，如图1-14所示。图1-15所示为720像素×480像素的画面比例。需要注意的是，此处的长宽比是指在After Effects中新建合成时，图像整体的宽度和高度的比例。

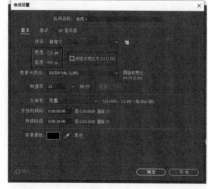

图1-14

图1-15

## 1.2.4 像素长宽比

与前面讲解的长宽比不同，像素长宽比是指在放大图像到极限时看到的每一个像素的宽度和长度的比例。由于电视等设备本身的像素长宽比不是1：1，因此若要在电视等设备上播放视频，就需要修改像素长宽比。图1-16和图1-17所示为设置"像素长宽比"为"方形像素"时的效果；图1-18和图1-19所示为设置"像素长宽比"为"DI/DV PAL宽银幕（1.46）"时的效果。选择哪种像素长宽比，取决于我们要在哪种设备上播放视频。

图1-16

图1-17

图1-18

图1-19

通常，在计算机上播放的视频的像素长宽比为1:1，而在电视、电影院屏幕等设备上播放的视频的像素长宽比要大于1:1。图1-20所示为After Effects 2022中的"像素长宽比"选项。

图1-20

## 1.2.5 文件格式

After Effects支持多种文件格式，有的格式仅支持导入，而有的格式既支持导入，也支持导出。

### 1. 静止图像类文件格式

After Effects支持的静止图像类文件格式如表1-1所示。

表1-1

| 格式 | 释义 |
| --- | --- |
| BMP | 一种与设备无关的图像文件格式，该格式结构较简单，每个文件只存放一幅图像 |
| GIF | CompuServe公司指定的图像格式，能将多幅图像存成一个图像文件而连续播放形成动态效果。在Internet上，GIF格式已成为页面图片的标准格式 |
| JPG | JPG是用JPEG标准压缩的图像文件格式，它是一种高效率的有损压缩。图像保存为JPEG格式时，可以指定图像的品质和压缩级别 |
| TIFF | 标记图像格式（Tagged Image File Format），通常标识为.tif类型 |
| PNG | 为了适应网络传输而设计的一种图像文件格式。大多数情况下，其压缩比大于GIF格式，它可取代GIF和TIF图像文件格式，一个图像文件只能存储一幅图像 |
| TGA | Truevision公司为支持图像捕捉和本公司的显卡而设计的一种图像格式，该格式的图像具有很强的颜色表达能力 |
| PSD | Photoshop特有的图像文件格式，支持Photoshop中所有的图像类型。该格式的图像没有压缩，会占很大的磁盘空间 |

### 2. 视频和动画类文件格式

After Effects支持的视频和动画类文件格式如表1-2所示。

表1-2

| 格式 | 释义 |
| --- | --- |
| AVI | 音频视频交错（Audio Video Interleaved），由微软公司发表，调用方便、图像质量好，但文件容量过于庞大 |
| MOV | MAC机中QuickTime提供了2种标准图像和视频格式，即可以支持静态的PIC和JPG图像格式，动态的基于Indeo压缩法的MOV和基于MPEG压缩法的MPG视频格式 |
| MPEG/MPG/DAT | 包括MPEG-1、MPEG-2、MPEG-4在内的多种视频格式 |
| MP4/3GP | 常见的在移动设备上播放的视频格式，如手机、PDA、GPS等 |
| RMVB | 一种由RM视频格式升级延伸出的新视频格式，可内置字幕、无需插件 |
| FLV | 随着Flash MX的推出发展而来的新视频格式，其全称为Flash Video，目前在线视频网站很多采用此视频格式 |

### 3. 音频类文件格式

After Effects支持的音频类文件格式如表1-3所示。

表1-3

| 格式 | 释义 |
| --- | --- |
| MP3 | 全称是MPEG-1 Audio Layer3，它在1992年合并至MPEG规范中。MP3能以高音质、低采样率对数字音频文件进行压缩 |
| WAV | 微软公司开发的一种声音格式，也叫波形声音格式，是最早的数字音频格式，但由于对存储空间需求太大，因此不便于交流和传播 |

| 格式 | 释义 |
|------|------|
| WMA | 微软在互联网音频、视频领域的力作。WMA格式是以减少数据流量但保持音质的方法来达到更高的压缩率（可达到1∶18）的目的 |
| CD | 取样频率为44.1KHz，16位量化位数，跟WAV一样，但CD存储采用了音轨的形式，又叫"红皮书"格式，记录的是波形流，是一种近似无损的格式 |
| VOC | 多用于保存其公司生产的声卡所采集的音频数据 |
| Real Audio | 该格式压缩比大、音质高，十分便于网络传输 |

#### 4. 项目类文件格式

After Effects支持的项目类文件格式如表1-4所示。

表1-4

| 格式 | 支持导入/导出 | 格式 | 支持导入/导出 |
|------|--------------|------|--------------|
| 高级创作格式（.aaf） | 仅导入 | After Effects XMLITE（.aepx） | 导入和导出 |
| .aep、.aet | 导入和导出 | Adobe Premiere Pro（.prproj） | 导入和导出 |

## 1.3 After Effects 2022的面板与工具栏

### 1.3.1 After Effects 2022的面板

本节主要介绍After Effects 2022中的几个主要面板及其作用和用法，以及工具栏的相关内容。

1. "项目"面板

"项目"面板主要用于导入和渲染输出素材，如图1-21所示。

2. "合成"面板

"合成"面板主要用于预览素材。将素材拖曳到"图层"面板中，在"合成"面板中就可以看到将要编辑的素材，如图1-22和图1-23所示。

图1-21

图1-22

图1-23

### 3. "时间轴" 面板

"时间轴" 面板主要用于调节关键帧，以制作特效，如图1-24所示。

图1-24

### 4. "图层" 面板

双击 "图层" 面板中的某个素材，在 "合成" 面板中就会显示该素材，如图1-25所示。

### 5. "效果控件" 面板

"效果控件" 面板主要用于显示添加的效果的参数，以方便用户进行修改，如图1-26所示。

图1-25                                 图1-26

After Effects 2022影视后期制作实战教程（全彩微课版）

### 1.3.2　After Effects 2022的工具栏

工具栏在After Effects中非常重要，其中的每个工具都对后期制作起着重要的作用，如图1-27所示。

图1-27

## 1.4　After Effects 2022的菜单

本节主要介绍After Effects 2022中各个菜单的作用和用法，以帮助读者在后期制作中快速、准确地实现所需的效果。

1．"文件"菜单

"文件"菜单主要用于打开、关闭、保存项目，以及导入素材，如图1-28所示。

2．"编辑"菜单

"编辑"菜单主要用于剪切素材、复制素材、粘贴素材、拆分图层、撤销操作，以及设置首选项等，如图1-29所示。

图1-28

图1-29

3．"合成"菜单

"合成"菜单主要用于新建合成，以及设置合成的相关参数等，如图1-30所示。

4．"图层"菜单

"图层"菜单主要用于新建图层、设置图层的混合模式、编辑图层样式，以及设置与图层相关的属性等，如图1-31所示。

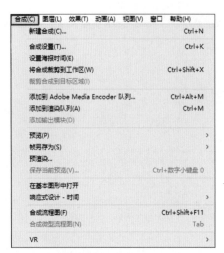

图1-30

图1-31

5. "效果" 菜单

选中 "图层" 面板中的素材，即可激活 "效果" 菜单。"效果" 菜单主要用于为图层添加各种效果，如图1-32所示。

6. "动画" 菜单

"动画" 菜单主要用于设置关键帧、添加表达式等，如图1-33所示。

图1-32

图1-33

### 7.“视图”菜单

“视图”菜单主要用于控制“视图”面板中素材的查看方式和显示方式等，如图1-34所示。

### 8.“窗口”菜单

“窗口”菜单主要用于开启和关闭各种面板，如图1-35所示。

图1-34　　　　　　　　　　　　　图1-35

### 9.“帮助”菜单

“帮助”菜单主要用于提供After Effects帮助信息，如图1-36所示。

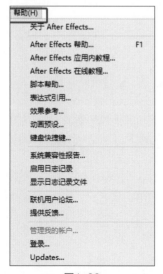

图1-36

# 第 2 章 | After Effects 2022 影视后期制作流程

**本章导读**

　　本章讲解利用After Effects 2022进行后期制作的具体流程。通过学习这些流程，读者可以了解和掌握影视后期制作的思路和方法。

**学习要点**

- 项目与合成的区别
- 新建项目
- 新建合成
- 导入素材
- 新建文本
- 添加视频效果
- 设置关键帧
- 预览画面
- 输出视频

## 2.1　新建项目与合成

　　本节主要介绍如何在After Effects 2022中新建项目与合成，以帮助读者了解项目与合成的区别。

### 2.1.1　项目与合成的区别

　　项目是一个文件，项目文件用于存储合成及该项目中的素材使用的所有源文件的引用。合成是图层的集合。许多图层使用素材项目（如影片或静止图像）作为源，而某些图层（如形状图层和文字图层）包含在After Effects 2022中创建的图形。

　　项目文件的扩展名为.aep或.aepx。以.aep为扩展名的项目文件是二进制项目文件；以.aepx为扩展名的项目文件是基于文本的.xml项目文件。

### 2.1.2　新建项目

　　在菜单栏中执行"文件>新建>新建项目"命令，即可新建项目，如图2-1所示。

| 文件(F) | 编辑(E) | 合成(C) | 图层(L) | 效果(T) | 动画(A) | 视图(V) | 窗口 | 帮助(H) | |
|---|---|---|---|---|---|---|---|---|---|
| 新建(N) | | | > | | 新建项目(P) | | | | Ctrl+Alt+N |
| 打开项目(O)... | | | Ctrl+O | | 新建文件夹(F) | | | | Ctrl+Alt+Shift+N |
| 打开最近的文件 | | | > | | Adobe Photoshop 文件(H)... | | | | |
| 在 Bridge 中浏览... | | | Ctrl+Alt+Shift+O | | Maxon Cinema 4D 文件(C)... | | | | |

图2-1

### 2.1.3 新建合成

单击"新建合成"按钮，如图2-2所示。在打开的"合成设置"对话框中设置参数后，单击"确定"按钮即可新建合成，如图2-3所示。

图2-2

图2-3

## 2.2 导入素材

本节主要讲解导入素材的3种方法，包括快捷键导入、菜单导入、拖曳导入，以帮助读者更快速、更准确地导入素材。

### 2.2.1 快捷键导入

按Ctrl+I组合键，打开本地文件夹，选择文件，单击"导入"按钮即可导入素材，如图2-4所示。

图2-4

### 2.2.2 菜单导入

执行"文件>导入>文件"或"文件>导入>多个文件"命令，打开本地文件夹，选择文件，单击"导入"按钮即可导入素材，如图2-5和图2-6所示。

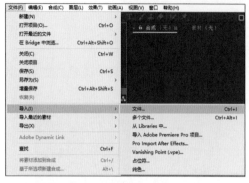

图2-5

图2-6

### 2.2.3 拖曳导入

直接将素材文件拖曳到"项目"面板的空白区域也可导入素材，如图2-7和图2-8所示。

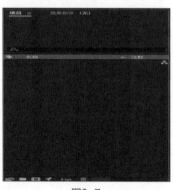

图2-7

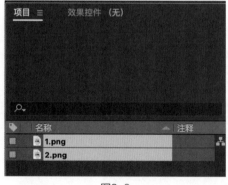

图2-8

## 2.3 编辑视频

本节主要讲解视频的基本编辑，包括新建文本、添加视频效果、设置关键帧、预览画面等，为进行深入编辑打好基础。

### 2.3.1 新建文本

在"图层"面板的空白处单击鼠标右键，在弹出的快捷菜单中执行"新建>文本"命令，如图2-9所示；或者在菜单栏中执行"图层>新建>文本"命令，在画面中输入"文本"，在"段落"

面板和"字符"面板中分别调整文本的大小、样式、颜色、位置等相关属性，如图2-10所示。

图2-9

图2-10

### 2.3.2 添加视频效果

在"效果和预设"面板中搜索"四色渐变"效果，并将该效果拖曳至"图层"面板中的"文本"图层上，如图2-11和图2-12所示。

图2-11

图2-12

在"效果控件"面板中调整效果设置，如图2-13所示。文本效果如图2-14所示。

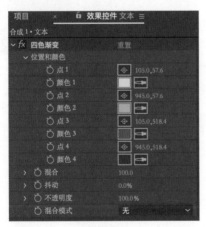

图2-13

图2-14

### 2.3.3 设置关键帧

移动时间指示器到动画开始处，如图2-15所示。单击"效果控件"面板中的"关键帧自动记录器"按钮，设置第1个关键帧，如图2-16所示。

图2-15

图2-16

移动时间指示器到动画结束处，调整"效果控件"面板中的点与颜色设置，自动生成第2个关键帧，如图2-17所示。画面效果如图2-18所示。

图2-17

图2-18

### 2.3.4　预览画面

按空格键，或在"预览"面板中单击▶按钮，可预览画面效果，如图2-19所示。

图2-19

## 2.4　输出视频

本节主要讲解在After Effects 2022中完成视频的编辑后如何将其输出，以帮助读者掌握输出视频的方法。

### 2.4.1　确定输出范围

拖曳"时间轴"面板上蓝色的时间标尺，可以确定视频的开始时间和结束时间，如图2-20所示。

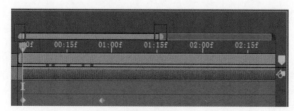

图2-20

## 2.4.2　渲染设置

按Ctrl+Alt+O组合键，打开"渲染队列"面板，在其中可以进行渲染设置，如图2-21所示。

图2-21

## 2.4.3　设置输出位置

单击"输出模块"右侧的"无损"按钮，如图2-22所示。在弹出的"输出模块设置"对话框中，在"格式"下拉列表中选择"QuickTime"格式，单击"确定"按钮。单击"输出到"右侧的"尚未指定"按钮，如图2-22所示。在"输出模块设置"对话框中，设置"视频输出"，如图2-23所示。单击"确定"按钮，在弹出的"将影片输出到"对话框中，设置输出位置后单击"保存"按钮，如图2-22到图2-24所示。

图2-22

图2-23

图2-24

单击"渲染"按钮，可将视频输出到指定位置，如图2-25和图2-26所示。

图2-25

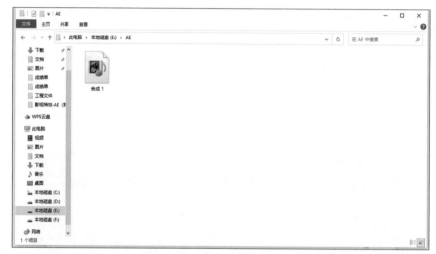

图2-26

# 2.5 实战训练：全高清合成

　　本实战主要帮助读者了解在After Effects中编辑视频的基本方法，掌握影视制作中用After Effects进行后期剪辑的基本工作流程，最终效果如图2-27所示。

图2-27

## ⚙ 设计思路

（1）在视频素材不够清晰的情况下，通过后期加工提高清晰度；

（2）利用"保留细节放大"效果来提高画面清晰度。

### 🖱 操作步骤

❶ 新建一个高清合成，并将"航拍.mp4"文件导入该合成中。为"航拍.mp4"图层添加"效果>扭曲>保留细节放大"效果，如图2-28所示。调整该效果的参数，让该图层正好充满合成的画面。

图2-28

❷ 为"航拍.mp4"图层添加"效果>模糊和锐化>锐化"效果，如图2-29所示。调整该效果的参数，使画面轮廓更加清晰。

图2-29

③ 输出成片，效果如图2-30所示。

图2-30

# 第 3 章

# 图层效果

**本章导读**

在After Effects中，图层是特效制作中比较基础的一个部分，是制作所有影视效果都需要掌握的重要工具。读者可以通过叠加不同的图层，制作出所需的效果。

**学习要点**

- 什么是图层
- 常用的图层类型
- 图层的基本操作方法
- 图层的混合模式

## 3.1　图层的基本操作

本节主要讲解After Effects中图层的基础知识和基本操作方法，以帮助读者了解常见的图层混合模式的类型和效果。

### 3.1.1　什么是图层

使用After Effects制作特效时，直接操作对象就是图层，无论是创建合成、动画还是创建特效都离不开图层。After Effects中的图层和Photoshop中的图层一样，在"图层"面板中可以直观地观察到图层的分布。图层按照从上到下的顺序依次叠放，上一层的内容会遮住下一层的内容，如果上一层没有内容，将直接显示下一层的内容，如图3-1和图3-2所示。

图3-1

图3-2

## 3.1.2 常用的图层类型

在"图层"面板的空白处单击鼠标右键，在弹出的快捷菜单的"新建"子菜单中会显示可创建的图层类型，如图3-3所示。

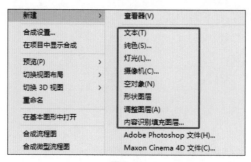

图3-3

## 3.1.3 图层的基本操作方法

**1. 将素材放置到图层上**

- 将素材直接从"项目"面板中拖曳至"合成"面板中，可以设置素材在合成画面中的位置。
- 从"项目"面板中将素材拖曳至"合成"图层上。
- 在"项目"面板中选中素材，按Ctrl+/组合键将所选素材置入当前"图层"面板中。
- 按住鼠标左键将素材从"项目"面板中拖曳至"图层"面板中，在未松开鼠标左键时，"图层"面板中会显示一条蓝色线，根据这条线所在的位置决定素材置入哪一层，在时间标尺处还会显示素材入场的时间，如图3-4所示。
- 在"项目"面板中双击素材，通过"素材"预览面板打开素材，单击"将入点设置为当前时间"按钮、"将出点设置为当前时间"按钮设置素材的入点和出点，再单击"波纹插入编辑"按钮或者"叠加编辑"按钮，将素材插入"时间轴"面板中。

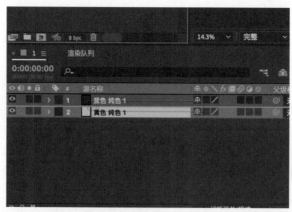

图3-4

**2. 改变图层的顺序**

- 在"图层"面板中选择图层，将其上下拖曳至适当的位置，可以改变图层的顺序。

- 在"图层"面板中选择图层，通过菜单和快捷键可以移动上下图层的位置，如下所示。

执行"图层>排列>将图层置于顶层"命令，或按Ctrl+Shift+]组合键可以将图层移到最顶层。

执行"图层>排列>将图层前移一层"命令，或按Ctrl+]组合键可以将图层往上移一层。

执行"图层>排列>将图层后移一层"命令，或按Ctrl+[组合键可以将图层往下移一层。

执行"图层>排列>将图层置于底层"命令，或按Ctrl+Shift+[组合键可以将图层移到最下层。如图3-5所示。

图3-5

3. 复制图层和替换图层

- 在图层上单击鼠标右键，在弹出的快捷菜单中执行"图层>复制图层"命令可复制图层。
- 在图层上单击鼠标右键，在弹出的快捷菜单中执行"图层>替换图层"命令可替换图层。

4. 对齐图层和分布图层

执行"窗口>对齐"命令，在弹出的"对齐"面板中单击"对齐"下方的相应按钮可对齐图层，单击"分布图层"下方的相应按钮可设置图层分布，如图3-6所示。

图3-6

## 3.1.4 图层的混合模式

After Effects的核心构架就是图层。既然画面是一层层叠加上去的，那么对于同等大小的图层，上一层的内容势必会覆盖下一层的内容。借助这种关系，使上下两个图层通过一定的交互计算产生特殊效果，就是混合模式的运算原理。

- **变亮**：此模式在降低图像的亮度时很有用，也可以消除图像的黑色色调。
- **变暗**：此模式可将图像变暗，减弱图像中的亮色调。
- **正常**：此模式没有任何效果。
- **颜色**：此模式适用于对色相、饱和度和亮度的调整。
- **差值**：此模式可以指定图层之间的高光。

这些混合模式可以应用于任何图层，以在连续图层上添加蒙版并产生效果。这些效果可以通过"图层"面板轻松应用，并可以随时修改。常见的混合模式如图3-7所示。

图3-7

## 3.2 图层效果设计实例

　　本节主要通过实例来讲解图层的实际运用，以帮助读者掌握图层的创建方式、叠加模式、混合模式，学会通过形状图层来绘制实际创作中所需的图形，并制作相应的动画效果。

### 3.2.1 实例：飞舞组合字的制作

**▶ 资源位置**

🚍 素材位置　素材文件>CH03>3.2.1实例：飞舞组合字的制作>01.jpg

📄 实例位置　实例文件>CH03>3.2.1实例：飞舞组合字的制作.aep

🖥 视频位置　视频文件>CH03>3.2.1实例：飞舞组合字的制作.mp4

✏ 技术掌握　文字图层动画效果的应用

微课视频

本实例主要帮助读者了解图层中文字图层动画效果的应用，掌握影视作品中常见的飞舞组合字效果的制作方法。最终效果如图3-8所示。

图3-8

## ⚙ 设计思路

（1）确定文字飞舞的效果是基于文字动态的，通过"动画制作工具"为文字图层添加效果；

（2）明确图层之间的遮挡关系，飞舞文字图层只有在背景图层之上才能被看到。

## 🖱 操作步骤

### 1. 输入文字并添加关键帧动画

① 按Ctrl+N组合键，弹出"合成设置"对话框，在"合成名称"文本框中输入"飞舞组合字"，其他设置如图3-9所示。单击"确定"按钮，创建一个新的合成。

② 执行"文件>导入>文件"命令，在弹出的"导入文件"对话框中选择要导入的文件，如图3-10所示。单击"导入"按钮，导入背景图片。

图3-9

图3-10

③ 在"项目"面板中选择"01.jpg"文件，并将其拖曳至"图层"面板中。选择"横排文字工具" T，在"合成"面板中输入文字"清冷感高级卧室装修"，在"字符"面板中设置"填

充颜色"为红色（R=226、G=0、B=32），其他设置如图3-11所示。"合成"面板中的效果如图3-12所示。

图3-11            图3-12

④ 选中文字图层，单击"段落"面板中的"居中对齐文本"按钮▤，如图3-13所示。"合成"面板中的效果如图3-14所示。

图3-13            图3-14

⑤ 在"图层"面板中展开文字图层的"变换"属性组，设置"位置"属性的值为（375、285），如图3-15所示。"合成"面板中的效果如图3-16所示。

图3-15            图3-16

⑥ 展开文字图层的属性面板，单击"动画"右侧的 ▶ 按钮，在弹出的菜单中执行"锚点"命令，如图3-17所示。

⑦ 此时在"图层"面板中会自动添加一个"动画制作工具1"属性组，设置"锚点"属性的值为（0、20），如图3-18所示。

⑧ 按照上述方法再添加一个"动画制作工具2"属性组，单击"动画制作工具2"属性组右侧的"添加"按钮 ▶，如图3-19所示。

图3-17

图3-18

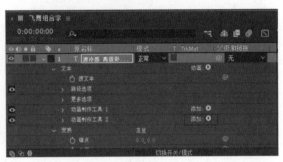

图3-19

⑨ 在弹出的菜单中执行"选择器>摆动"命令，展开"摆动选择器1"属性组，设置"摇摆/秒"属性的值为0、"关联"属性的值为75%，如图3-20所示。

⑩ 单击"动画制作工具2"属性组右侧的"添加"按钮 ▶，添加"位置""缩放""旋转""填充色相"属性，并分别设置各自的值，如图3-21所示。

图3-20

图3-21

⑪ 在"时间轴"面板中将时间指示器放置在3s的位置，分别单击新添加的4个属性左侧的"关键帧自动记录器"按钮 ⏱，记录第1个关键帧，如图3-22所示。

⑫ 在"时间轴"面板中将时间指示器放置在4s的位置，设置"位置"的值为（0、0）、"缩放"属性的值为（100、100%）、"旋转"属性的值为0x+0°、"填充色相"属性的值为0x+0°，如图3-23所示。此时系统会自动记录第2个关键帧。

⑬ 将时间指示器放置在0s的位置，展开"摆动选择器1"属性组，分别单击"时间相位""空间相位"属性左侧的"关键帧自动记录器"按钮 ⏱，记录第1个关键帧。设置"时间相位"属性的值为2x+0°、"空间相位"属性的值为2x+0°，如图3-24所示。

⑭ 将时间指示器放置在1s的位置，设置"时间相位"属性的值为2x+200°、"空间相位"属性的值为2x+150°，记录第2个关键帧，如图3-25所示。

图3-22

图3-23

图3-24

图3-25

⑮ 将时间指示器放置在2s的位置，设置"时间相位"属性的值为3x+160°、"空间相位"属性的值为3x+125°，记录第3个关键帧，如图3-26所示。

⑯ 将时间指示器放置在3s的位置，设置"时间相位"属性的值为4x+150°、"空间相位"属性的值为4x+110°，记录第4个关键帧，如图3-27所示。

图3-26

图3-27

2. 添加立体效果

① 选中文字图层，执行"效果>透视>斜面Alpha"命令，在"效果控件"面板中进行设置，如图3-28所示。"合成"面板中的效果如图3-29所示。

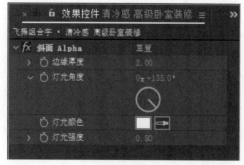

图3-28

图3-29

② 选中文字图层，执行"效果>透视>投影"命令，在"效果控件"面板中进行设置，如图3-30所示。"合成"面板中的效果如图3-31所示。

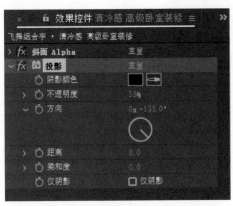

图3-30

图3-31

③ 单击文字图层右侧的"运动模糊"按钮，开启"图层"面板中的动态模糊开关，如图3-32所示。飞舞组合字制作完成，效果如图3-33所示。

图3-32

图3-33

## 3.2.2 实例：宇宙小飞碟的制作

📁 **资源位置**

📀 素材位置　素材文件>CH03>3.2.2实例：宇宙小飞碟的制作>01.jpg
📑 实例位置　实例文件>CH03>3.2.2实例：宇宙小飞碟的制作.aep
💻 视频位置　视频文件>CH03>3.2.2实例：宇宙小飞碟的制作.mp4
✍ 技术掌握　图层叠加动画效果的应用

微课视频

本实例主要帮助读者了解图层叠加动画效果，掌握影视作品中常见的宇宙小飞碟的制作方法。最终效果如图3-34所示。

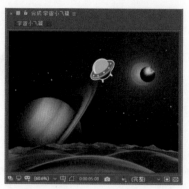

图3-34

⚙ **设计思路**

（1）确定小飞碟图层是位于背景图层之上的，因为上面的图层遮挡下面的图层；

（2）要想让静止的小飞碟动起来，需要配合调整"位置""缩放"等参数的关键帧。

🖱 **操作步骤**

❶ 按Ctrl+N组合键，弹出"合成设置"对话框，在"合成名称"文本框中输入"宇宙小飞碟"，其他设置如图3-35所示。单击"确定"按钮，创建一个新的合成。

❷ 执行"文件>导入>文件"命令，在弹出的"导入文件"对话框中选择要导入的两个素材文件，如图3-36所示。单击"导入"按钮，将图片导入"项目"面板中。

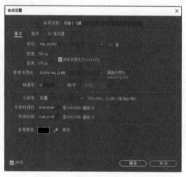

图3-35

图3-36

❸ 在"项目"面板中选中"01.jpg""02.png"文件，并将其拖曳至"图层"面板中，如图3-37所示。"合成"面板中的效果如图3-38所示。

图3-37

图3-38

④ 选中"02.png"图层，按快捷键S显示"缩放"属性，设置"缩放"属性的值为（46、46%），如图3-39所示。"合成"面板中的效果如图3-40所示。

图3-39

图3-40

⑤ 按P键显示"位置"属性，设置"位置"属性的值为（-50、168），如图3-41所示。"合成"面板中的效果如图3-42所示。

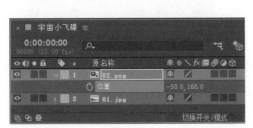

图3-41

图3-42

⑥ 在"图层"面板中单击"位置"属性左侧的"关键帧自动记录器"按钮 🕐，记录第1个关键帧，如图3-43所示。

⑦ 将时间指示器放置在12s的位置，在"图层"面板中设置"位置"属性的值为（803、214），记录第2个关键帧，如图3-44所示。

图3-43

图3-44

⑧ 将时间指示器放置在2s的位置，选择"选取工具" ▶，在"合成"面板中选中飞碟，并将其拖曳至图3-45所示位置，记录第3个关键帧。

⑨ 将时间指示器放置在4s的位置，在"合成"面板中将飞碟拖曳至图3-46所示位置，记录第4个关键帧。

图3-45

图3-46

⑩ 将时间指示器放置在6s的位置，在"合成"面板中将飞碟拖曳至图3-47所示位置，记录第5个关键帧。

⑪ 将时间指示器放置在8s的位置，在"合成"面板中将飞碟拖曳至图3-48所示位置，记录第6个关键帧。

图3-47

图3-48

⑫ 将时间指示器放置在10s的位置，在"合成"面板中将飞碟拖曳至图3-49所示位置，记录第7个关键帧。

⑬ 执行"图层>变换>自动定向"命令，弹出"自动方向"对话框，如图3-50所示。

图3-49

图3-50

⑭ 选择"沿路径定向"单选项，如图3-51所示。单击"确定"按钮，对象将沿路径的角度变换。

⑮ 宇宙小飞碟制作完成，效果如图3-52所示。

图3-51

图3-52

## 3.3 实战训练：快闪动画的制作

★ 资源位置

素材位置　素材文件>CH03>实战训练：快闪动画的制作>水果1.jpg、
　　　　　水果2.jpg、水果3.jpg、开头.mp4

实例位置　实例文件>CH03>实战训练：快闪动画的制作.aep

视频位置　视频文件>CH03>实战训练：快闪动画的制作.mp4

技术掌握　图层动画效果的应用

微课视频

本实战通过图层叠加的方式制作快闪动画，以帮助读者理解和掌握图层动画效果的实际应用。最终效果如图3-53所示。

图3-53

⚙ 设计思路

（1）快闪动画效果是通过图层叠加的方法来制作的；

（2）明确图层之间的遮挡关系，上面的图层遮挡下面的图层，先利用遮挡关系给图层排序；

（3）分别改变每个图层的"位置""缩放"等参数关键帧来添加动态效果，使图层之间的变化更自然。

❶ 启动After Effects 2022软件，在"项目"面板的空白处单击鼠标右键，在弹出的快捷菜单中执行"导入>文件"命令，如图3-54所示。此时将导入"水果1.jpg""水果2.jpg""水果3.jpg""开头.mp4"文件。

❷ 按Ctrl+N组合键，弹出"合成设置"对话框，在"合成名称"文本框中输入"快闪动画"，其他设置如图3-55所示。单击"确定"按钮，创建一个新的合成，将素材拖曳至合成的"图层"面板中。

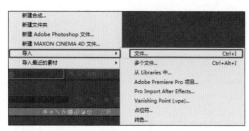

图3-54

图3-55

❸ 在"项目"面板中双击"快闪动画"合成，加载该合成。选择"水果1"图层，按P键显示"位置"属性。在3:05s处设置"位置"属性的值为（960、1619）并激活关键帧；在3:16s处设置"位置"属性的值为（960、810）；在3:24s处设置"位置"属性的值为（960、540）。选中这些关键帧并按F9键，将其变为缓动关键帧，如图3-56所示。

图3-56

❹ 选中"水果2"图层，按P键显示"位置"属性。在3:16s处设置"位置"属性的值为（960、1443）并激活关键帧；在3:27s处设置"位置"属性的值为（960、699），并按Shift+S组合键显示"缩放"属性；在3:27s处设置"缩放"属性的值为（45、45%），再激活关键帧；在4:05s处设置"缩放"属性的值为（40.5、40.5%）。选中这些关键帧并按F9键，将其变为缓动关键帧，如图3-57所示。

图3-57

⑤ 添加一个文字图层"Quality",并按S键显示"缩放"属性。在3:27s处设置"缩放"属性的值为(3603.7、3603.7%),再激活关键帧;在4:05s处设置"缩放"属性的值为(3591.4、3591.4%)。选中这些关键帧并按F9键,将其变为缓动关键帧,并将图层"Quality"的"父级和链接"设置为"水果2",如图3-58所示。

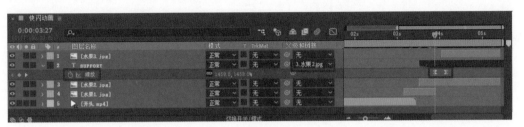

图3-58

⑥ 选中"水果3"图层,按S键显示"缩放"属性。在4:02s处设置"缩放"属性的值为(194、194%),并激活关键帧,在4:14s处设置"缩放"属性的值为(100、100%)。选中后一个关键帧并按F9键,将其变为缓动关键帧,如图3-59所示。

图3-59

⑦ 添加形状图层"文字边框"和文字图层"文字",在4:14s处的"图层"面板中,将"文字边框"和"文字"两个图层的"父级和链接"设置为"水果3.jpg"。按P键显示"文字"图层的"位置"属性。在5:13s处设置"位置"属性的值为(1327.8、1271.7)并激活关键帧;在6:23s处设置"位置"属性的值为(1229.6、619.0)。选中这些关键帧并按F9键,将其变为缓动关键帧,如图3-60所示。

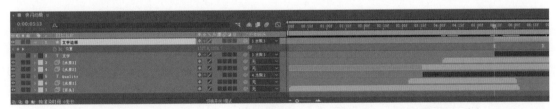

图3-60

⑧ 按空格键预览最终效果,如图3-61所示。

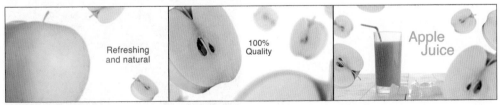

图3-61

# 第4章 蒙版工具

## 本章导读

"蒙版"原本是摄影术语，是指用于控制照片的不同区域曝光的传统暗房技术。在After Effects中，蒙版主要用于画面的修饰与合成。蒙版在创意合成中是一种非常有用的工具，我们可以使用它实现对图层部分元素的隐藏，从而只显示蒙版以内的画面。本章主要讲解蒙版的绘制方式、调整方法及使用效果等相关内容。

## 学习要点

- 使用"钢笔工具"绘制蒙版
- 使用蒙版设计图形
- 调整蒙版图形
- 蒙版的变换

## 4.1 蒙版的基本操作

本节主要讲解After Effects中蒙版的基本操作，以帮助读者了解蒙版的创建和变换方法，掌握蒙版的基本操作，并利用蒙版制作所需效果。

### 4.1.1 使用钢笔工具绘制蒙版

使用"钢笔工具" 绘制蒙版的步骤如下。

第1步，在"图层"面板中选择需要创建蒙版的图层。

第2步，在工具栏中选择"钢笔工具" 。

第3步，在"合成"面板或"图层"面板中单击确定第1个点，然后继续单击以绘制线段或拖曳以绘制曲线，直至绘制出一个闭合的轮廓，如图4-1所示。

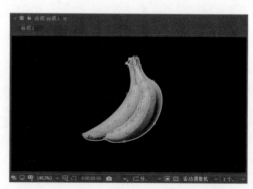

图4-1

### 4.1.2 使用蒙版设计图形

在"图层"面板中新建"图层1"和"图层2"两个纯色图层，单击两个图层左侧的眼睛按钮 👁，将其隐藏，然后选择某个形状工具，在"合成"面板中拖曳鼠标指针绘制蒙版。选中"图层2"并单击此图层左侧的方框（原眼睛按钮 👁 的位置），即可显示该图层。例如，"图层1"为黄色，"图层2"为红色，选择"星形工具"，在"合成"面板中拖曳鼠标指针绘制星形蒙版，效果如图4-2所示。

图4-2

### 4.1.3 调整蒙版图形

选择"钢笔工具" 🖊，在"合成"面板中绘制蒙版图形。选择"转换'顶点'工具"，单击一个节点，则该节点处的线段转换为折角。在节点处拖曳鼠标指针可以拖出调节手柄，拖曳调节手柄可以调整线段的弧度，如图4-3所示。

使用"添加'顶点'工具"或"删除'顶点'工具"可以添加或删除节点。选择"添加'顶点'工具"，将鼠标指针移动到需要添加节点的线段处单击，该线段上会增加一个节点；选择"删除'顶点'工具"，单击任意节点，该节点会被删除。

图4-3

### 4.1.4 蒙版的变换

选择"选取工具"，在蒙版边线上双击，会创建一个蒙版控制框。将鼠标指针移动到边框的右上角，会出现旋转图标，按住鼠标左键拖曳可以对整个蒙版图形进行旋转，如图4-4所示。将鼠标指针移动到边线中心点的位置，出现双向箭头图标时拖曳鼠标指针，可以调整该边框的位置，如图4-5所示。

图4-4

图4-5

# 4.2 蒙版工具设计实例

本节主要通过实例讲解蒙版的实际运用，以帮助读者掌握蒙版的创建方式与变换方式，学会通过蒙版来绘制实际创作中所需范围和遮罩，并制作需要的动画效果。

## 4.2.1 实例：粒子文字的制作

本实例主要帮助读者了解蒙版中的形状蒙版的应用，并掌握影视作品中常见的形状蒙版的制作方法。最终效果如图4-6所示。

图4-6

⚙️ 设计思路

（1）粒子文字需要的效果是在三维空间中制作的，所以要打开3D图层开关；

（2）用"Particular"效果为文字制作粒子效果；

（3）用形状蒙版为文字制作遮挡效果来达到渐隐渐显的文字动态。

🖱 操作步骤

1. 输入文字

① 按Ctrl+N组合键，弹出"合成设置"对话框，在"合成名称"文本框中输入"文字"，其他设置如图4-7所示。单击"确定"按钮，创建一个新的合成。

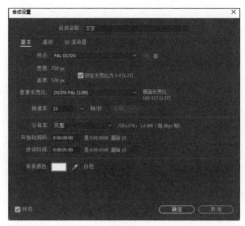

图4-7

② 选择"横排文字工具" ![T]，在"合成"面板中输入文字并将其选中，在"字符"面板中设置"填充颜色"为黄色（R=255、G=228、B=0），其他设置如图4-8所示。"合成"面板中的效果如图4-9所示。

③ 创建一个新的合成，并命名为"粒子文字"，如图4-10所示。

图4-8

图4-9

图4-10

④ 执行"文件>导入>文件"命令，在弹出的"导入文件"对话框中导入文件，并将其拖曳至"图层"面板中。选中"01.jpg"图层，执行"效果>风格化>卡通"命令，在"效果控件"面板中进行设置，如图4-11所示。"合成"面板中的效果如图4-12所示。

图4-11

图4-12

⑤ 在"项目"面板中选中"文字"合成，并将其拖曳至"图层"面板中，单击"文字"图层左侧的眼睛按钮 ，隐藏该图层，如图4-13所示。单击"文字"图层右侧的"3D图层"按钮 ⬡，打开该图层的三维属性，如图4-14所示。

图4-13 图4-14

2. 制作粒子

① 在当前合成中新建一个黑色纯色图层"粒子1"。选中"粒子1"图层，执行"效果>Trapcode>Particular"命令，在"效果控件"面板中展开"发射器"属性组进行设置，如图4-15所示。

② 展开"粒子"属性组进行设置，如图4-16所示。

图4-15

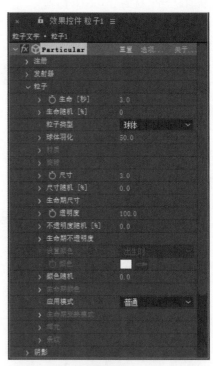

图4-16

③ 展开"物理学"属性组下的"气"属性组进行设置，如图4-17所示。
④ 展开"气"属性组下的"扰乱场"属性组进行设置，如图4-18所示。
⑤ 展开"渲染"属性组下的"运动模糊"属性组，然后展开"运动模糊"属性右边的下拉列表，选择"开"选项，如图4-19所示。
⑥ 设置完毕后，"图层"面板中将自动添加一个灯光层，如图4-20所示。选中"粒子1"图层，在"时间轴"面板中将时间指示器放置在0s的位置，如图4-21所示。在"图层"面板中展开"效果"属性组，分别单击"发射器"属性组下的"粒子数量/秒"属性组和"物理学/气"属性组下的"旋转幅度"属性左侧的"关键帧自动记录器"按钮 ⭘，以及"扰乱场"属性组下的"影

After Effects 2022影视后期制作实战教程（全彩微课版）

响尺寸"属性和"影响位置"属性左侧的"关键帧自动记录器"按钮⏱，记录第1个关键帧。

图4-17

图4-18

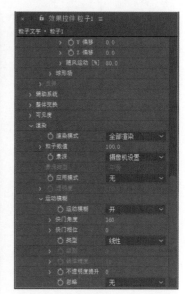

图4-19

图4-20

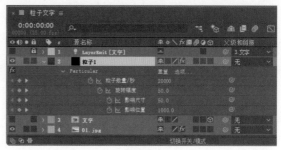

图4-21

⑦ 将时间指示器放置在1s的位置，在"图层"面板中设置"粒子数量/秒"属性的值为0、"旋转幅度"属性的值为22、"影响尺寸"属性的值为20、"影响位置"属性的值为500，记录第2个关键帧，如图4-22所示。

⑧ 将时间指示器放置在3s的位置，设置"粒子数量/秒"属性的值为0、"旋转幅度"属性的值为10、"影响尺寸"属性的值为5、"影响位置"属性的值为5，记录第3个关键帧，如图4-23所示。

图4-22

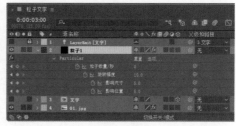

图4-23

3. 制作形状蒙版

① 在"项目"面板中选中"文字"合成，并将其拖曳至"图层"面板中，如图4-24所示。将时间指示器放置在2s的位置，按Alt+[组合键设置动画的入点，如图4-25所示。

图4-24                           图4-25

❷ 选中"文字"图层,如图4-26所示。

❸ 选择"矩形工具"▢,在"合成"面板中拖曳鼠标指针绘制一个矩形蒙版,如图4-27所示。

图4-26                           图4-27

❹ 选中"文字"图层,按M键显示"蒙版"属性,单击"蒙版路径"属性左侧的"关键帧自动记录器"按钮⬚,记录第1个关键帧,如图4-28所示。

❺ 将时间指示器放置在4s的位置,选择"选取工具"▶,在"合成"面板中同时选中蒙版路径右侧的两个控制点,将控制点向右拖曳至图4-29所示位置,记录第2个关键帧。

图4-28                           图4-29

❻ 在当前合成中新建一个纯色图层"粒子2"。选中"粒子2"图层,执行"效果> Trapcode> Particular"命令,在"效果控件"面板中展开"发射器"属性组进行设置,如图4-30所示。

⑦ 展开"粒子"属性组进行设置，如图4-31所示。

图4-30

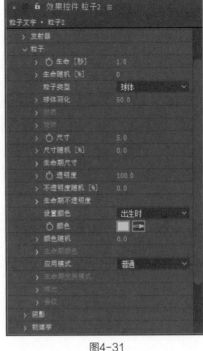

图4-31

⑧ 展开"物理学"属性组，设置"重力"属性的值为-100，展开"气"属性组进行设置，如图4-32所示。

⑨ 展开"扰乱场"属性组进行设置，如图4-33所示。

⑩ 展开"渲染"属性组下的"运动模糊"属性组，展开"运动模糊"属性右边的下拉列表，选择"开"选项，如图4-34所示。

图4-32

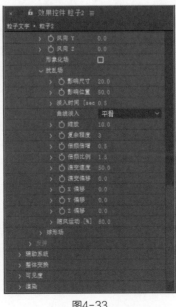

图4-33

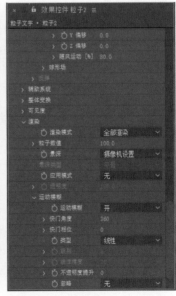

图4-34

⑪ 将时间指示器放置在0s的位置，展开"Particular"属性组，分别单击"粒子数量/秒"

属性和"位置XY"属性左侧的"关键帧自动记录器"按钮![icon]，记录第1个关键帧，如图4-35所示。

⑫ 将时间指示器放置在2s的位置，设置"粒子数量/秒"属性的值为5000、"位置XY"属性的值为（120、280），记录第2个关键帧，如图4-36所示。

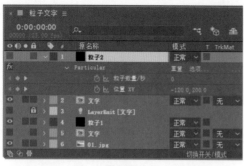

图4-35

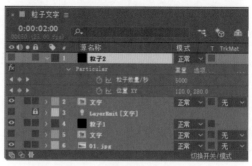

图4-36

⑬ 将时间指示器放置在3s的位置，设置"粒子数量/秒"属性的值为0、"位置XY"属性的值为（600、280），记录第3个关键帧，如图4-37所示。

⑭ 粒子文字效果制作完成，如图4-38所示。

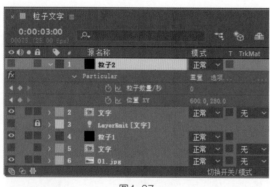

图4-37

图4-38

## 4.2.2 实例：视差遮罩动画的制作

**资源位置**

素材位置　素材文件>CH04>4.2.2实例：视差遮罩动画的制作>素材1.jpg

实例位置　实例文件>CH04>4.2.2实例：视差遮罩动画的制作.aep

视频位置　视频文件>CH04>4.2.2实例：视差遮罩动画的制作.mp4

技术掌握　蒙版的高级应用

本实例主要帮助读者了解蒙版的高级应用，掌握影视制作中常见的视差遮罩动面效果的制作方法。最终效果如图4-39所示。

图4-39

## 设计思路

（1）视差效果是视觉错位效果，所以需要先为画面制作扭曲效果；

（2）用绘制矩形蒙版来改变画面的遮罩关系以达到视觉错位的效果。

## 操作步骤

❶ 在"项目"面板的空白处单击鼠标右键，在弹出的快捷菜单中执行"导入>文件"命令，导入"素材1.jpg"，如图4-40所示。

❷ 按Ctrl+N组合键新建两个合成，分别命名为"合成1""素材1"，进行相同的设置，如图4-41所示。

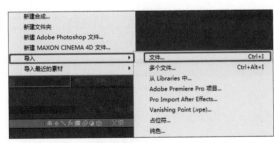

图4-40

图4-41

❸ 把"素材1.jpg"拖曳至"素材1"合成中，并调整设置，如图4-42所示。

❹ 把"素材1"合成拖曳至"合成1"合成中，如图4-43所示。

图4-42

图4-43

⑤ 选择"素材1"图层，执行"效果>扭曲>波形变形"命令，在"效果控件"面板中调整设置，如图4-44所示。

⑥ 选择"素材1"图层，执行"效果>风格化>动态拼接"命令，在"效果控件"面板中调整设置，如图4-45所示。

图4-44

图4-45

⑦ 在"图层"面板的空白处单击鼠标右键，在弹出的快捷菜单中执行"新建>摄像机"命令，弹出"摄像机设置"对话框。设置摄像机"类型"为"双节点摄像机"，然后将"预设"选项的数值调整为"35毫米"，如图4-46所示。

⑧ 打开"素材1"图层的三维属性，按Ctrl+D组合键复制一层，并将其命名为"素材1-1"，如图4-47所示。

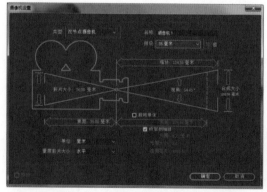

图4-46

图4-47

⑨ 隐藏"素材1"图层，选择"素材1-1"图层，为其添加蒙版，如图4-48所示。蒙版设置如图4-49所示。

图4-48

图4-49

⑩ 选择"素材1-1"图层，按Ctrl+D组合键复制两层，分别将其命名为"素材1-2""素材1-3"，并分别调整两个图层的"蒙版扩展"属性，如图4-50和图4-51所示。

图4-50         图4-51

⑪ 分别选择"素材1"~"素材1-3"图层，按P键显示"位置"属性，添加关键帧。按F9键，为关键帧添加缓动效果。在0s处调整"位置"属性的值，如图4-52所示；在2:09s处调整"位置"属性的值，如图4-53所示。

图4-52

图4-53

⑫ 分别选择"素材1"~"素材1-3"图层，按S键显示"缩放"属性，并进行设置，如图4-54所示。

图4-54

⑬ 选择"摄像机1"图层，按P键显示"位置"属性。在2s的位置添加关键帧，设置如图4-55所示；在4s的位置添加关键帧，设置如图4-56所示。

图4-55

蒙版工具

图4-56

⓮ 选择"素材1-3"图层，执行"效果>模糊和锐化>快速方框模糊"命令，在"效果控件"面板中调整设置，如图4-57所示。

⓯ 选择"素材1-2"图层，执行"效果>模糊和锐化>快速方框模糊"命令，在"效果控件"面板中调整设置，如图4-58所示。

图4-57

图4-58

⓰ 按空格键预览最终效果，如图4-59所示。

图4-59

# 4.3 实战训练：粒子破碎效果的制作

⭐ 资源位置

🎞 素材位置　素材文件>CH04>实战训练：粒子破碎效果的制作>01.jpg
📖 实例位置　实例文件>CH04>实战训练：粒子破碎效果的制作.aep
💻 视频位置　视频文件>CH04>实战训练：粒子破碎效果的制作.mp4
✏ 技术掌握　蒙版效果的应用

微课视频

本实战主要讲解蒙版效果的应用，以帮助读者掌握影视制作中常见的粒子破碎效果的制作方法。最终效果如图4-60所示。

After Effects 2022影视后期制作实战教程（全彩微课版）

图4-60

## ⚙ 设计思路

（1）粒子破碎的效果重点在破碎上，所以需要利用"碎片"效果来做出破碎感；

（2）用蒙版框选区域再添加效果，使破碎效果只针对画面的局部。

## 🖱 操作步骤

❶ 按Ctrl+N组合键，弹出"合成设置"对话框，在"合成名称"文本框中输入"渐变条"，其他设置如图4-61所示。单击"确定"按钮，创建一个新的合成。

❷ 执行"图层>新建>纯色"命令，弹出"纯色设置"对话框，在"名称"文本框中输入"渐变条"，将"颜色"设置为白色，单击"确定"按钮，在"图层"面板中新建一个白色纯色图层，如图4-62所示。

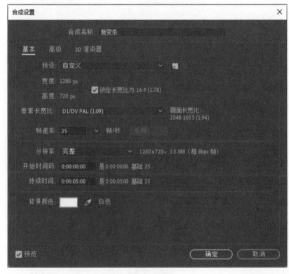

图4-61

图4-62

❸ 选中"渐变条"图层，执行"效果>生成>梯度渐变"命令，在"效果控件"面板中设置"起始颜色"为黑色、"结束颜色"为白色，其他设置如图4-63所示。"合成"面板中的效果如图4-64所示。

图4-63                                              图4-64

④ 选择"矩形工具"，在"合成"面板中拖曳鼠标指针绘制一个矩形蒙版，如图4-65所示。

⑤ 按Ctrl+N组合键，弹出"合成设置"对话框，在"合成名称"文本框中输入"噪波"，单击"确定"按钮，创建一个新的合成。执行"图层>新建>纯色"命令，弹出"纯色设置"对话框，在"名称"文本框中输入"噪波"，将"颜色"设置为黑色，单击"确定"按钮，在"图层"面板中新建一个黑色纯色图层，如图4-66所示。

图4-65                                              图4-66

⑥ 选中"噪波"图层，执行"效果>杂色和颗粒>杂色"命令，在"效果控件"面板中进行设置，如图4-67所示。

⑦ 执行"效果>颜色校正>曲线"命令，在"效果控件"面板中调整曲线，如图4-68所示。

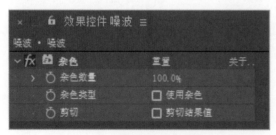

图4-67                                              图4-68

⑧ 按Ctrl+N组合键，弹出"合成设置"对话框，在"合成名称"文本框中输入"图片"，单击"确定"按钮，创建一个新的合成。执行"文件>导入>文件"命令，在弹出的"导入文件"对话框中选择"01.jpg"文件，如图4-69所示。单击"导入"按钮导入文件，并将其拖曳至"图层"面板中，如图4-70所示。

<table>
<tr><td>图4-69</td><td>图4-70</td></tr>
</table>

⑨ 选中"01.jpg"图层，按S键显示"缩放"属性，设置"缩放"属性的值为（110、110%），如图4-71所示。"合成"面板中的效果如图4-72所示。

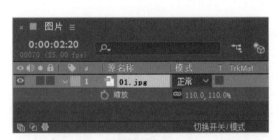

<table>
<tr><td>图4-71</td><td>图4-72</td></tr>
</table>

⑩ 按Ctrl+N组合键，弹出"合成设置"对话框，在"合成名称"文本框中输入"最终效果"，单击"确定"按钮，创建一个新的合成。在"项目"面板中选中"渐变条""噪波""图片"合成，并将它们拖曳至"图层"面板中，各图层的排列顺序如图4-73所示。

⑪ 单击"渐变条"图层和"噪波"图层左侧的眼睛按钮，关闭"渐变条"图层和"噪波"图层，如图4-74所示。

<table>
<tr><td>图4-73</td><td>图4-74</td></tr>
</table>

⑫ 选中"图片"图层,执行"效果>模拟>碎片"命令,在"效果控件"面板中将"视图"改为"已渲染"模式,其他设置如图4-75所示。"合成"面板中的效果如图4-76所示。

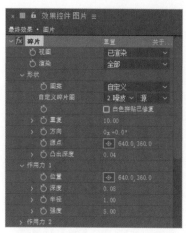

图4-75

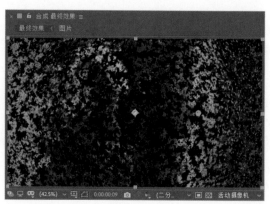

图4-76

⑬ 展开"渐变""物理学""摄像机位置"属性组,在"效果控件"面板中进行设置,如图4-77所示。"合成"面板中的效果如图4-78所示。

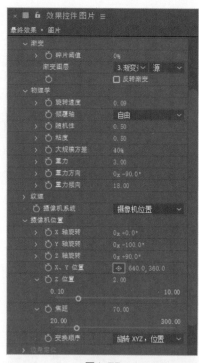

图4-77

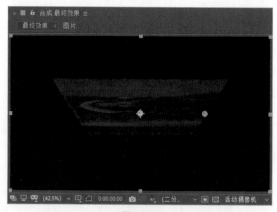

图4-78

⑭ 将时间指示器放置在0s的位置,在"效果控件"面板中分别单击"渐变"属性组下的"碎片阈值"属性和"物理学"属性组下的"重力"属性左侧的"关键帧自动记录器"按钮,以及"摄像机位置"属性组下的"X轴旋转""Y轴旋转""Z轴旋转""焦距"属性左侧的"关键帧自动记录器"按钮,记录第1个关键帧,如图4-79和图4-80所示。

After Effects 2022影视后期制作实战教程(全彩微课版)

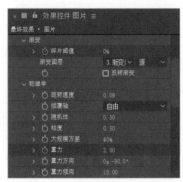

图4-79　　　　　　　　　　　　图4-80

⓯ 将时间指示器放置在3:10s的位置，在"效果控件"面板中设置"碎片阈值"属性的值为100%、"重力"属性的值为2.7，如图4-81所示。设置"X轴旋转"属性的值为0x-60°、"Y轴旋转"属性的值为0x-45°、"Z轴旋转"属性的值为0x+15°、"焦距"属性的值为100，记录第2个关键帧，如图4-82所示。

图4-81　　　　　　　　　　　　图4-82

⓰ 将时间指示器放置在4:24s的位置，在"效果控件"面板中设置"重力"属性的值为100，记录第3个关键帧，如图4-83所示。

⓱ 粒子破碎效果制作完成，如图4-84所示。

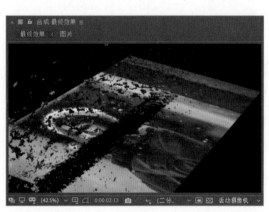

图4-83　　　　　　　　　　　　图4-84

# 第 **5** 章 | 视频效果

### 本章导读

　　本章将对影视制作中一些常用的视频效果和技术进行详细讲解，以帮助读者了解和掌握日常后期工作中使用频率较高的一些效果的制作思路和方法。

### 学习要点

- 3D通道
- 表达式控制
- 风格化
- 过时
- 模糊和锐化
- 模拟
- 扭曲
- 时间
- 杂色和颗粒
- 遮罩

## 5.1 常用的视频效果

　　本节主要讲解After Effects中常用的视频效果，读者使用这些效果可以制作各种质感、风格并进行调色等。After Effects可以根据读者的实际需求，创造出不同的视频效果来满足不同的影片风格，这也是非线性后期软件的优势。

### 5.1.1 3D通道

　　"3D通道"效果主要包括以下几种，如图5-1所示。

⚙ **重要效果介绍**

- 3D通道提取：用于提取辅助三维数据，如Z深度、对象ID、纹理UV、曲面法线、覆盖范围、背景RGB、非固定RGB及材质ID。提取的3D通道可显示为灰度或多通道

图5-1

颜色图像，随后可以使用生成的图层作为其他效果的控件图层。例如，在3D通道图像文件中提取深度信息，然后在粒子运动场效果中应用，或从非固定RGB通道中提取值来生成遮罩，用以生成夺目的高光。（对透明背景上的边缘应用消除锯齿，可能会导致使用条纹渲染。）

- 场深度：也称景深，可模拟在三维场景中以一个深度聚焦（焦平面），采用其他深度使对象变模糊的摄像机。此效果使用导入文件（代表三维场景）的辅助通道的深度信息。
- Cryptomatte：暗影遮罩工具，可以访问OpenEXR文件的多个图层和通道，然后以此来创建遮罩。
- ExtractoR：来自Fnord的增效工具，可以访问OpenEXR文件的多个图层和通道，从嵌套的合成中提取深度通道。深度通道是与距离有关的黑白信息。例如，某个场景由前后的白色物体组成，那么距离摄像机越远的白色物体，其色调就越暗，反之越亮。
- ID遮罩：按材质或对象ID为图层设置遮罩。许多3D程序都使用唯一的对象ID标记场景中的各个元素。此效果使用对象ID创建遮罩，以排除场景中所需元素之外的所有内容。
- Identifier：来自Fnord的增效工具，可以访问OpenEXR文件的多个图层和通道。
- 深度遮罩：可读取三维图像中的深度信息，并可沿z轴在任意位置对图像进行切片。例如，可以移除三维场景中的背景，也可以将对象插入三维场景中。
- 雾3D：也称雾化3D效果，通过模拟空气中的散射（对象的z轴距离越远，弥散效果越强）来制造雾效。

## 5.1.2 表达式控制

"表达式控制"效果主要包括以下几种，如图5-2所示。

⚙ **重要效果介绍**

图5-2

- 下拉菜单控件：通过下拉菜单对项目进行选择来控制表达式。
- 复选框控制：通过复选框（数值）来控制表达式，只有勾选（值为1）和不勾选（值为0）两种状态，常用于进行逻辑判断。
- 3D点控制：通过设置点值（三维数组）来控制表达式。
- 图层控制：可让图层的位置与图层控制效果中指定的图层一致。
- 滑块控制：通过滑块设置数值来控制表达式。
- 点控制：通过设置点值（二维数组）来控制表达式。
- 角度控制：通过设置角度数值来控制表达式。
- 颜色控制：通过设置颜色（RGB四维数组，0~1）来控制表达式。

## 5.1.3 风格化

"风格化"效果主要包括以下几种，如图5-3所示。

⚙ **重要效果介绍**

- 阈值：可将所有比指定阈值浅的像素转换成白色，将所有比指定阈值深的像素转换成黑色，从而得到高对比度的黑白图像。

- 画笔描边：可将粗糙的绘画外观应用到图像中，也可使用此效果来实现点描画法样式，具体方法是将"描边长度"设置为0并增加"描边浓度"。
- 卡通：可简化和平滑图像中的阴影和颜色，并将描边添加到轮廓上，模拟实色填充或描线的绘画效果，减小低对比区域的对比度，增大高对比区域的对比度，结果是草图或卡通图像，"细节半径"越大，细节越少。
- 散布：可使图像像素在不改变颜色的情况下随机错位散开，有点类似于透过毛玻璃观看图像的效果。
- CC Block Load：块装载效果，可用线扫描的方式块状化图像。
- CC Burn Film：胶片烧灼效果，常用于模拟胶片被灼烧的效果。
- CC Glass：玻璃效果可使图像产生玻璃、金属等质感，也可使画面变形。
- CC HexTile：六边形拼贴效果，常用于模拟蜂巢效果。

图5-3

- CC Kaleida：万花筒效果，常用于模拟万花筒效果。
- CC Mr.Smoothie：像素溶解效果，常用于产生像素溶解、运动、流动的效果。
- CC Plastic：塑料效果，可使图像产生塑料质感。
- CC RepeTile：重复拼贴效果，可使图像产生上下左右重复扩展的效果。
- CC Threshold：阈值效果，与内置的阈值效果一致，只是多了几个调整属性。
- CC Threshold RGB：阈值RGB效果，分离了红色通道、绿色通道、蓝色通道的阈值效果。
- CC Vignette：暗角效果，用于制作暗角。
- 彩色浮雕：此效果的作用与浮雕效果的作用一样，但不会抑制图像的原始颜色。
- 马赛克：使用纯色矩形填充图层，可使原始图像拼贴化。
- 浮雕：可锐化图像的对象边缘，并可抑制颜色，还可根据指定角度对边缘使用高光。
- 色调分离：可修改图像每个通道的色调级别的数量，使颜色数量减少，从而达到色调分离的目的。
- 动态拼贴：可将图像缩小并拼贴起来，模拟地砖拼贴效果，并可设置运动。如果已启用运动模糊，则在更改拼贴的位置时，此效果会使用运动模糊来使移动更明显。
- 发光：找到图像中较亮的部分，然后使这部分的像素和周围的像素变亮，以创建漫射的发光光环；发光效果可基于图像的原始颜色，也可基于其Alpha通道，基于Alpha通道的发光仅在不透明区域和透明区域之间的图像边缘产生漫射亮度，常用于调整图层的效果。
- 查找边缘：可计算得到图像中对比比较强的边缘部分，模拟手绘线条的效果；边缘可在白色背景上显示为深色线条，也可在黑色背景上显示为彩色线条。
- 毛边：可使Alpha通道的边缘变粗糙，为图像添加各种边缘效果，通过分形影响改变边缘样式，并可增加颜色以模拟铁锈和其他类型的腐蚀效果。
- 纹理化：可让当前图层看起来具有其他图层的纹理，产生纹理叠加的效果。
- 闪光灯：可使图像产生周期性或随机的填色或透明变化，模拟光脉冲效果，如每隔两秒闪白一次等。

## 5.1.4 过时

"过时"效果主要包括以下几种，如图5-4所示。

⚙ **重要效果介绍**

图5-4

- 亮度键：可使相对于指定明亮度的图像区域变为透明。
- 减少交错闪烁：主要用于抑制高垂直频率。
- 基本3D：在三维空间中变换图像，如旋转图像、倾斜图层等。
- 基本文字：可设置文字的字体、样式、方向与对齐方式等。
- 溢出抑制：可从已抠像的图像边缘移除溢出的主色。
- 路径文本：可为路径上的文本设置动画。
- 闪光：可以模拟电弧和闪电的效果。
- 颜色键：可使接近主色的范围变得透明，此效果仅修改图层的Alpha通道。
- 高斯模糊（旧版）：可使图像变模糊，柔化图像并消除杂色。（可用高斯模糊效果代替，渲染结果稍有不同。）

## 5.1.5 模糊和锐化

"模糊和锐化"效果主要包括以下几种，如图5-5所示。

⚙ **重要效果介绍**

- 复合模糊：通过调整控件图层（即模糊图层）的亮度，使效果图层变模糊。此效果可用于模拟污点和指纹，或因大气条件所致的能见度变化，对动画模糊图层（如使用"湍流杂色"效果生成的图层）特别有用。
- 锐化：通过强化像素之间的差异锐化图像。
- 通道模糊：可分别对红色通道、绿色通道、蓝色通道和Alpha通道应用不同程度的模糊。

图5-5

- CC Cross Blur：交叉模糊效果，可做出水平方向和垂直方向的复合模糊效果。
- CC Radial Blur：径向模糊效果，可做出缩放模糊和旋转模糊效果。
- CC Radial Fast Blur：径向快速模糊效果。
- CC Vector Blur：矢量模糊效果，可基于不同的通道等属性进行方向模糊，从而让图像变得更抽象。
- 摄像机镜头模糊：主要使用常用的摄像机光圈形状来模糊图像以模拟摄像机镜头的模糊，通常需要一个黑白渐变图层来作为模糊图，以决定模糊（白色）与清晰（黑色）区域。
- 摄像机抖动去模糊：主要用于减少由摄像机抖动导致的动态模糊伪影，为获得最佳效果，建议在稳定素材后应用。
- 智能模糊：主要用于对保留边缘的图像进行模糊。
- 双向模糊：也称快速模糊，主要用于将平滑模糊应用于图像。

- 定向模糊：也称方向模糊，主要用于按一定的方向模糊图像。
- 径向模糊：类似于Photoshop中的径向模糊滤镜，可做出缩放模糊和旋转模糊效果。
- 快速方框模糊：主要用于将重复的方框模糊应用于图像。
- 钝化蒙版：通过调整边缘细节的对比度增强图层的锐度。
- 高斯模糊：将高斯模糊应用于图像。

## 5.1.6 模拟

"模拟"效果主要包括以下几种，如图5-6所示。

### ⚙ 重要效果介绍

- 焦散：可模拟焦散（在水域底部反射光），是光通过水面折射而形成的效果。
- 卡片动画：主要用于创建卡片动画外观，具体方法是将图层分为许多卡片，然后使用第二个图层控制这些卡片的所有几何形状。
- CC Ball Action：滚珠操作效果，可以打破图层成球形网格，从而在三维方向上旋转和扭曲。
- CC Bubbles：气泡效果，用于生成反射该图层的气泡。
- CC Drizzle：细雨滴效果，用于模拟雨滴滴在水面的波纹效果。
- CC Hair：毛发效果，用于渲染具有三维属性和光线的毛茸茸效果。
- CC Mr. Mercury：水银滴落效果，用于模拟水银滴落的效果。
- CC Particle SystemsⅡ：粒子仿真系统Ⅱ效果，作为二维粒子的生成器以生成粒子。
- CC Particle World：粒子世界效果，用于生成粒子。该效果支持摄像机切换视角。

图5-6

- CC Pixel Polly：像素多边形效果，主要用于制作将图像分成多边形并掉落的效果。
- CC Rainfall：下雨效果，用于模拟有折射和运动模糊的下雨效果。
- CC Scatterize：散射效果，用条纹分散图层像素。
- CC Snowfall：下雪效果，用于模拟带深度、光效和运动模糊的下雪效果。
- CC Star Burst：星爆效果，使用图层像素颜色和Alpha通道进行星场模拟。
- 泡沫：主要用于生成流动、黏附和弹出的气泡。
- 波形环境：主要用于模拟水波，可根据液体的物理学性质创建波形。
- 碎片：可以使图层有爆炸、剥落的效果。
- 粒子运动场：基本粒子模拟效果，可以独立地为大量相似的对象（如一群蜜蜂或暴风雪）设置动画。

## 5.1.7 扭曲

"扭曲"效果主要包括以下几种，如图5-7所示。

After Effects 2022影视后期制作实战教程（全彩微课版）

## ⚙ 重要效果介绍

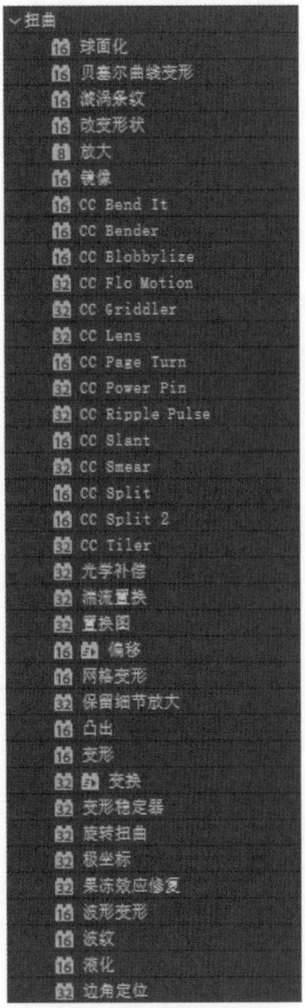

- 球面化：通过伸展到指定半径的半球面来围绕一点扭曲图像，给人一种球面鼓起的感觉。
- 贝塞尔曲线变形：沿图层边界，使用封闭的贝塞尔曲线形成图像。调整贝塞尔曲线的变形点形成扭曲的视觉效果，如飘动的红旗。
- 漩涡条纹：可使用两个蒙版路径来控制改变的范围和扭曲。
- 改变形状：用于改变图像某一部分的形状，通常使用3个蒙版路径来控制改变的范围和形状，使源蒙版内的图像往目标蒙版变形，而边界蒙版之外的则不再受变形影响。
- 放大：用于放大图层上的部分区域，类似于放大镜的感觉。
- 镜像：用于沿线反射图像，实现各种对称效果，一般要抠像，比较常用。
- CC Bend It：区域弯曲效果，用于通过弯曲使一个区域（由开始点和结束点决定）变形。
- CC Bender：图层弯曲效果，可以倾斜的方式弯曲图层。
- CC Blobbylize：融化效果，用于将图像包装到选定图层定义的液化表面。
- CC Flo Motion：折叠运动效果，用对偶点力使图层变形。
- CC Griddler：方格效果，用于将图层分解为一个拼贴网格。
- CC Lens：镜头效果，通过镜头变形扭曲图层，类似于Photoshop中的镜头校正滤镜。
- CC Page Turn：翻页效果，用于实现传统的翻页效果。
- CC Power Pin：四角扯动效果，带有透视和反转选项的四角扯动效果，与边角定位效果比较类似。
- CC Ripple Pulse：波纹脉冲效果，用于自定义波纹形状失真；脉冲电平定义了波形轮廓，必须是动画。
- CC Slant：倾斜效果，用于沿水平轴倾斜图层。
- CC Smear：漩涡条纹效果，可从一点扭曲到另一点。
- CC Split：胀裂效果，用于在两点之间开个洞。
- CC Split 2：胀裂2效果，用于在两点之间开个洞，可定制配置文件。
- CC Tiler：平铺效果，用于将图层缩小为拼贴图层。
- 光学补偿：引入或移除镜头扭曲，类似于Photoshop中的自适应广角滤镜。
- 湍流置换：可使用不规则的变形置换图层，有多种置换类型，使用频率较高。
- 置换图：可基于其他图层的像素值位移像素，比较常用。
- 偏移：用于使图层偏移，并可以与原始图像混合，类似于Photoshop中的位移滤镜。
- 网格变形：将昆氏曲面变形应用于图像，可以直接拖曳网格点变形图像。
- 保留细节放大：用于放大图层并保留边缘锐度，同时可应用降噪。
- 凸出：围绕一个点扭曲图像，与放大效果、球面化效果等有异同之处。
- 变形：可对图像应用变形，类似于Photoshop自由变换命令中的变形选项。
- 变换：用于执行几何计算，从而对图层实施缩放、倾斜、旋转等变换；常常作为调整图层的效果使用，从而统一控制下面的多个图层的变换。
- 变形稳定器：使用频率很高的效果，可让视频素材趋于稳定，无须手动跟踪；可在视频图层上单击鼠标右键，在弹出的快捷菜单中执行"跟踪和稳定\变形稳定器VFX"命令使用该效果。

图5-7

- 旋转扭曲：通过围绕指定点旋转涂抹图像。
- 极坐标：用于在平面坐标与极坐标之间转换及插值，类似于Photoshop中的极坐标滤镜。
- 果冻效应修复：当使用卷帘快门方式拍摄时，由于相机高速运动或快速振动，容易导致倾斜、摇摆不定或部分曝光等情况，就如生活中果冻产生的变形和颜色变化一样；用于消除果冻效应伪影。
- 波形变形：使用波浪沿轴方向扭曲图层。
- 波纹：可以波状光线的方式扭曲图像。
- 液化：主要通过应用液化刷来扭曲图像，与Photoshop中的液化滤镜比较类似。
- 边角定位：主要用于将图像扭曲为凸四边形。

## 5.1.8　时间

"时间"效果主要包括以下几种，如图5-8所示。

### ⚙ 重要效果介绍

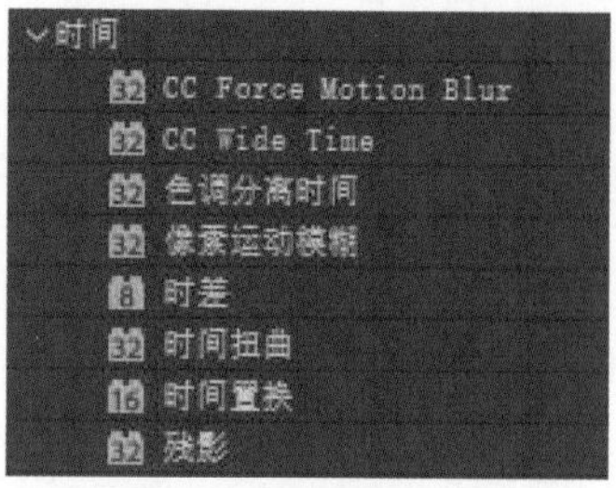

- CC Force Motion Blur：强制运动模糊效果，通过混合图层的中间帧产生运动模糊效果。（因为图层的运动模糊仅应用于图层本身的旋转、缩放等情况。）
- CC Wide Time：宽泛时间效果，在指定时间范围内采样的帧的加权混合，即展现未来或过去的运动状况。

图5-8

- 色调分离时间：用于在图层上应用特定帧速率。
- 像素运动模糊：基于像素运动引入运动模糊，通过分析视频素材，并根据运动矢量人工合成运动模糊。
- 时差：用于计算两个图层（包括图层本身）之间在不同时间的像素差值。
- 时间扭曲：用于更改图层的回放速度，重新定时为慢运动、快运动以及添加运动模糊，并能精确控制各个参数。
- 时间置换：可使用其他图层置换当前图层像素的时间，通过使像素跨时间偏移来扭曲图像；使用置换图时，图层中像素的移动基于置换图中的明亮度值而移动。
- 残影：用于混合不同时间的帧，可制作视觉拖尾及漩涡条纹等效果。

## 5.1.9　杂色和颗粒

"杂色和颗粒"效果主要包括以下几种，如图5-9所示。

### ⚙ 重要效果介绍

- 分形杂色：用于创建基于分形的图案，有点类似于Photoshop中的云彩滤镜、纤维滤镜等，在After Effects中常用于生成各种随机动态效果。
- 中间值：与Photoshop中的中间值滤镜一致，起着模糊、去噪的作用。
- 中间值（旧版）：用于在指定半径内使用中间值替换像素。

图5-9

After Effects 2022影视后期制作实战教程（全彩微课版）

- 匹配颗粒：用于匹配另一个图像（杂色源图层）中的胶片颗粒感，常在将三维渲染图（无颗粒）模拟胶片感时使用。
- 杂色：主要用于为图像添加杂色。
- 杂色Alpha：用于将杂色引入图层的Alpha通道。
- 杂色HLS：用于将杂色引入图层的HLS通道，可分别依据色相、亮度和饱和度来添加杂色。
- 杂色HLS自动：用于将杂色引入图层的HLS通道，自带杂色动画效果。
- 湍流杂色：用于创建基于湍流的图案，与分形杂色效果差不多。
- 添加颗粒：用于为图像添加胶片颗粒，通过预设可添加不同的胶片颗粒感效果。
- 移除颗粒：可移除图像中的胶片颗粒，常用于去除噪点。
- 蒙尘与划痕：可根据阈值在指定半径内使用中间值替换像素，与Photoshop中的蒙尘与划痕滤镜类似。

## 5.1.10 遮罩

"遮罩"效果主要包括以下几种，如图5-10所示。

### ⚙ 重要效果介绍

图5-10

- 调整实边遮罩：使用Keylihgt等进行抠像后，遮罩的清晰边缘（如物体的清晰轮廓处）可能会变得不实，使用此效果可使虚掉的清晰边缘变实。
- 调整柔和遮罩：沿遮罩的Alpha边缘改善复杂边缘（如人物的头发）的粗细，类似于Photoshop中的选择并遮住，用于修复复杂边缘。
- 遮罩阻塞工具：用于阻塞并扩展Alpha通道，可以使接近255的Alpha值变为255。
- 简单阻塞工具：用于阻塞或扩展Alpha通道，正值收缩边缘，负值扩张边缘；也可应用于网格等带Alpha通道的图层上；如果作为调整图层的效果，可让下面图层的Alpha通道产生融合的效果。

## 5.2 视频效果设计实例

本节主要讲解After Effects中视频效果的应用。视频效果是After Effects的核心功能之一，由于其效果种类众多，可制作各种质感、风格并进行调色等，因此深受设计工作者的喜爱，被广泛应用于视频、电视、电影、广告制作等设计领域。

## 5.2.1 实例：闪白效果的制作

### ★ 资源位置

- 素材位置　素材文件>CH05>5.2.1实例：闪白效果的制作>01.jpg~07.jpg
- 实例位置　实例文件>CH06>5.2.1实例：闪白效果的制作.aep
- 视频位置　视频文件>CH06>5.2.1实例：闪白效果的制作.mp4
- 技术掌握　"模糊和锐化"效果的应用

微课视频

本实例主要帮助读者了解"模糊和锐化"效果的应用，掌握影视作品中常见的闪白效果的制作方法。最终效果如图5-11所示。

图5-11

## 设计思路

（1）闪白效果最终呈现为变模糊、变白，然后切换画面；
（2）用关键帧配合画面添加模糊效果以模糊画面；
（3）用色阶配合关键帧为画面制作出白色的曝光切换效果。

## 操作步骤

❶ 按Ctrl+N组合键，弹出"合成设置"对话框，在"合成名称"文本框中输入"闪白效果"，其他设置如图5-12所示。单击"确定"按钮，创建一个新的合成。

❷ 执行"文件>导入>文件"命令，在弹出的"导入文件"对话框中选择要导入的文件，单击"导入"按钮，将其导入"项目"面板中，如图5-13所示。

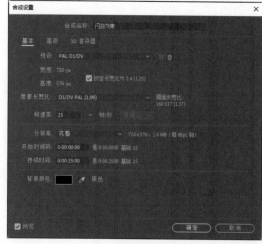

图5-12

图5-13

❸ 在"项目"面板中选中"01.jpg"～"05.jpg"文件，并将其拖曳至"图层"面板中，各图层的排列顺序如图5-14所示。将时间指示器放置在3s的位置，如图5-15所示。

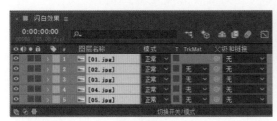 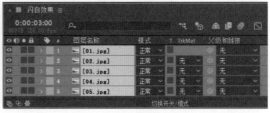

图5-14 图5-15

❹ 选中"01.jpg"图层，按Alt+]组合键，设置动画的出点，"图层"面板如图5-16所示。
❺ 用相同的方法分别设置"03.jpg""04.jpg""05.jpg"图层动画的出点，"图层"面板如图5-17所示。

图5-16 图5-17

❻ 将时间指示器放置在4s的位置，如图5-18所示。选中"02.jpg"图层，按Alt+]组合键，设置动画的出点，"图层"面板如图5-19所示。

图5-18 图5-19

❼ 在"图层"面板中选中"01.jpg"图层，按住Shift键的同时选中"05.jpg"图层，这样两图层及其中间的图层都将被选中。执行"动画>关键帧辅助>序列图层"命令，弹出"序列图层"对话框，取消勾选"重叠"复选框，如图5-20所示。单击"确定"按钮，每个图层依次排序，首尾相接，如图5-21所示。

图5-20 图5-21

❽ 执行"图层>新建>调整图层"命令，在"图层"面板中新建一个调整图层，如图5-22所示。

图5-22

⑨ 选中"调整图层1"图层，执行"效果>模糊和锐化>快速方框模糊"命令，在"效果控件"面板中进行设置，如图5-23所示。"合成"面板中的效果如图5-24所示。

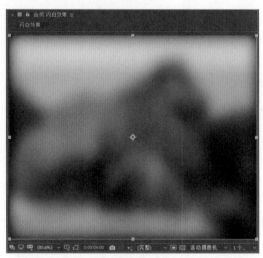

图5-23

图5-24

⑩ 执行"效果>颜色校正>色阶"命令，在"效果控件"面板中进行设置，如图5-25所示。"合成"面板中的效果如图5-26所示。

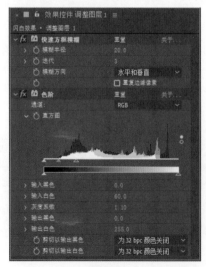

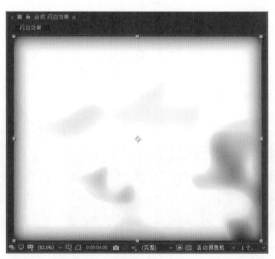

图5-25

图5-26

⑪ 将时间指示器放置在0s的位置，在"效果控件"面板中单击"快速方框模糊"效果中的"模糊半径"属性，单击"色阶"效果中的"直方图"属性左侧的"关键帧自动记录器"按钮 ⊙，记录第1个关键帧，如图5-27所示。

⑫ 将时间指示器放置在6s的位置，在"效果控件"面板中设置"模糊半径"属性的值为0、"输入白色"属性的值为255，记录第2个关键帧，如图5-28所示。

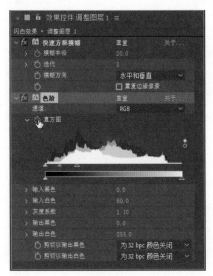

图5-27

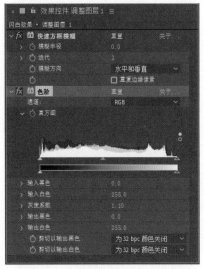

图5-28

⑬ "合成"面板中的效果如图5-29所示。

⑭ 将时间指示器放置在2:04s的位置，按U键展开所有关键帧。单击"图层"面板中的"模糊半径"属性，单击"直方图"属性左侧的"在当前时间添加或移除关键帧"按钮 ◇，记录第3个关键帧，如图5-30所示。

图5-29

图5-30

⑮ 将时间指示器放置在2:14s的位置，在"效果控件"面板中设置"模糊半径"属性的值为7、"输入白色"属性的值为94，记录第4个关键帧，如图5-31所示。"合成"面板中的效果如图5-32所示。

⑯ 将时间指示器放置在3:08s的位置，在"效果控件"面板中设置"模糊半径"属性的值为20、"输入白色"属性的值为58，记录第5个关键帧，如图5-33所示。"合成"面板中的效果如图5-34所示。

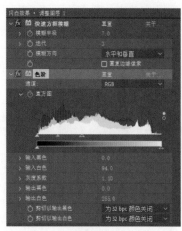

图5-31

图5-32

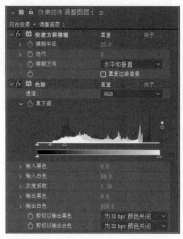

图5-33

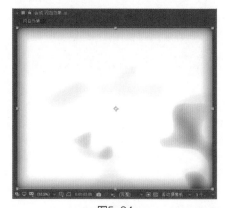

图5-34

⓱ 将时间指示器放置在3:18s的位置，在"效果控件"面板中设置"模糊半径"属性的值为0、"输入白色"属性的值为255，记录第6个关键帧，如图5-35所示。"合成"面板中的效果如图5-36所示。

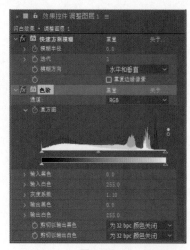

图5-35

图5-36

After Effects 2022影视后期制作实战教程（全彩微课版）

⑱ 至此，就制作完成了第一段素材与第二段素材之间的闪白动画。用同样的方法制作其他素材的闪白动画，如图5-37所示。

图5-37

⑲ 在"项目"面板中选中"06.jpg"文件，并将其拖曳至"图层"面板中，图层的排列顺序如图5-38所示。将时间指示器放置在15:23s的位置，按Alt+[组合键，设置动画的入点，"时间轴"面板如图5-39所示。

图5-38

图5-39

⑳ 将时间指示器放置在20s的位置，选择"横排文字工具" T，在"合成"面板中输入文字"数码摄影欣赏"。选中文字，在"字符"面板中设置"填充颜色"为青绿色（R=76、G=244、B=255），在"段落"面板中设置对齐方式为居中，其他设置如图5-40所示。"合成"面板中的效果如图5-41所示。

图5-40

图5-41

㉑ 选中文字图层，把该图层拖曳至调整图层的下面。执行"效果>透视>投影"命令，在"效果控件"面板中进行设置，如图5-42所示。"合成"面板中的效果如图5-43所示。

㉒ 将时间指示器放置在16:16s的位置，执行"窗口>效果和预设"命令，打开"效果和预设"面板。展开"动画预设"选项，双击"Text>Animate In>蒸汽视力表"选项，文字图层会自动添加该动画效果。"合成"面板中的效果如图5-44所示。

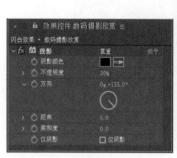
图5-42

图5-43

图5-44

㉓ 在"图层"面板中选择文字图层，按U键展开所有关键帧，可以看到"偏移"动画的关键帧，如图5-45所示。将时间指示器放置在17:04s的位置，按住Shift键的同时拖曳第2个关键帧到时间指示器所在的位置，如图5-46所示。

图5-45

图5-46

㉔ 在"项目"面板中选中"07.jpg"文件，并将其拖曳至"图层"面板中，设置图层的混合模式为"屏幕"，图层的排列顺序如图5-47所示。

㉕ 将时间指示器放置在18:13s的位置，选中"07.jpg"图层，按Alt+[组合键，设置动画的入点，"图层"面板如图5-48所示。

图5-47

图5-48

㉖ 选中"07.jpg"图层，按P键显示"位置"属性，设置"位置"属性的值为（800、308），单击"位置"属性左侧的"关键帧自动记录器"按钮，记录第1个关键帧，如图5-49所示。

㉗ 将时间指示器放置在20s的位置，设置"位置"属性的值为（-80、308），记录第2个关键帧，如图5-50所示。

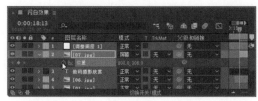
图5-49

图5-50

㉘ 选中 "07.jpg" 图层，按Ctrl+D组合键复制图层，按U键展开所有关键帧。将时间指示器放置在18:13s的位置，设置"位置"属性的值为（800、308），如图5-51所示。

㉙ 将时间指示器放置在20s的位置，设置"位置"属性的值为（-80、308），如图5-52所示。

图5-51

图5-52

㉚ 闪白效果制作完成，如图5-53所示。

图5-53

## 5.2.2 实例：水墨画效果的制作

**📁 资源位置**

| | | |
|---|---|---|
| 🚌 | **素材位置** | 素材文件>CH05>5.2.2实例：水墨画效果的制作>01.jpg、02.png |
| 📋 | **实例位置** | 实例文件>CH05>5.2.2实例：水墨画效果的制作.aep |
| 🖥 | **视频位置** | 视频文件>CH05>5.2.2实例：水墨画效果的制作.mp4 |
| ✒ | **技术掌握** | "风格化"效果、"模糊和锐化"效果的应用 |

微课视频

本实例主要帮助读者了解视频效果中"风格化"效果和"模糊和锐化"效果的应用，掌握影视制作中常见的水墨画效果的制作方法。最终效果如图5-54所示。

图5-54

## ⚙ 设计思路

（1）水墨画效果最终呈现为模糊且低饱和度的画面；
（2）用"色相/饱和度"效果降低画面的饱和度；
（3）用"高斯模糊"制作模糊效果。

## 🖱 操作步骤

### 1．导入并编辑素材

❶ 按Ctrl+N组合键，弹出"合成设置"对话框，在"合成名称"文本框中输入"水墨画效果"，其他设置如图5-55所示。单击"确定"按钮，创建一个新的合成。

❷ 执行"文件>导入>文件"命令，在弹出的"导入文件"对话框中选择要导入的文件，单击"导入"按钮，将其导入"项目"面板中，如图5-56所示。

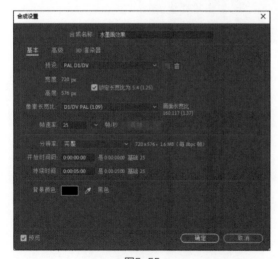

图5-55

图5-56

❸ 在"项目"面板中选中"01.jpg"文件，并将其拖曳至"图层"面板中，如图5-57所示。

④ 按Ctrl+D组合键复制图层,单击复制的图层左侧的眼睛按钮◎,关闭该图层,如图5-58所示。

图5-57

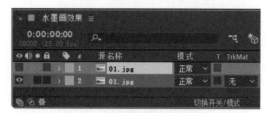

图5-58

⑤ 选中复制的图层,执行"效果>风格化>查找边缘"命令,在"效果控件"面板中进行设置,如图5-59所示。"合成"面板中的效果如图5-60所示。

图5-59

图5-60

⑥ 执行"效果>颜色校正>色相/饱和度"命令,在"效果控件"面板中进行设置,如图5-61所示。"合成"面板中的效果如图5-62所示。

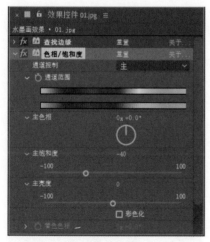

图5-61

图5-62

⑦ 执行"效果>颜色校正>曲线"命令,在"效果控件"面板中调整曲线,如图5-63所示。"合成"面板中的效果如图5-64所示。

⑧ 执行"效果>模糊和锐化>高斯模糊"命令,在"效果控件"面板中进行设置,如图5-65所示。"合成"面板中的效果如图5-66所示。

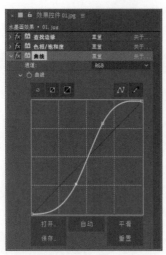

图5-63

图5-64

图5-65

图5-66

### 2. 制作水墨画效果

① 在"图层"面板中单击"01.jpg"图层左侧的眼睛按钮 ⊙ ，打开该图层。按T键显示"不透明度"属性，设置"不透明度"属性的值为70%，设置图层的混合模式为"相乘"，如图5-67所示。"合成"面板中的效果如图5-68所示。

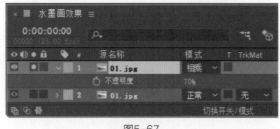

图5-67

图5-68

② 执行"效果>风格化>查找边缘"命令，在"效果控件"面板中进行设置，如图5-69所示。"合成"面板中的效果如图5-70所示。

After Effects 2022影视后期制作实战教程（全彩微课版）

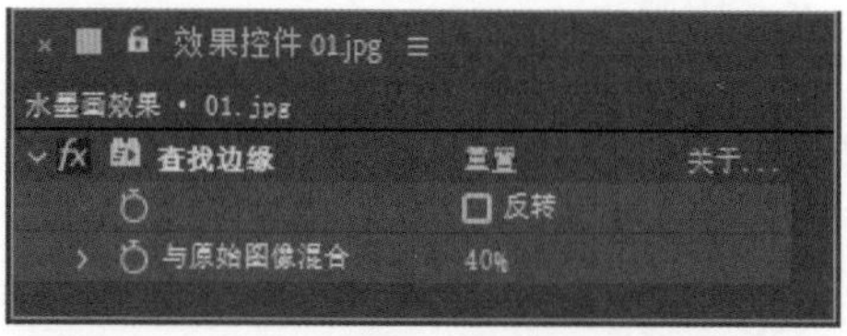

图5-69

图5-70

❸ 执行"效果>颜色校正>色相/饱和度"命令，在"效果控件"面板中进行设置，如图5-71所示。"合成"面板中的效果如图5-72所示。

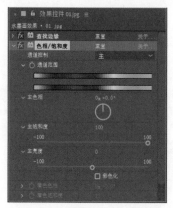

图5-71

图5-72

❹ 执行"效果>颜色校正>曲线"命令，在"效果控件"面板中调整曲线，如图5-73所示。"合成"面板中的效果如图5-74所示。

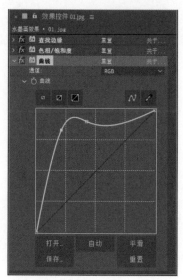

图5-73

图5-74

⑤ 执行"效果>模糊和锐化>快速方框模糊"命令，在"效果控件"面板中进行设置，如图5-75所示。"合成"面板中的效果如图5-76所示。

图5-75

图5-76

⑥ 在"项目"面板中选中"02.png"文件，并将其拖曳至"图层"面板中，如图5-77所示。
⑦ 水墨画效果制作完成，如图5-78所示。

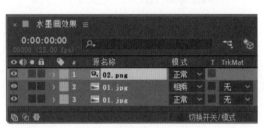

图5-77

图5-78

## 5.2.3　实例：修复逆光照片

📁 资源位置

- 素材位置　素材文件>CH05>5.2.3实例：修复逆光照片>01.jpg
- 实例位置　实例文件>CH05>5.2.3实例：修复逆光照片.aep
- 视频位置　视频文件>CH05>5.2.3实例：修复逆光照片.mp4
- 技术掌握　"色阶"效果的应用

微课视频

After Effects 2022影视后期制作实战教程（全彩微课版）

本实例主要帮助读者了解"色阶"效果的应用，掌握影视制作中常见的修复逆光照片的方法。最终效果如图5-79所示。

图5-79

## ⚙ 设计思路

（1）逆光照片的主要问题在于主体物背光，光源不足；
（2）通过调整色阶的灰色系数来为画面补足光线。

### 🖱 操作步骤

❶ 执行"文件>导入>文件"命令，在弹出的"导入文件"对话框中选择要导入的文件，单击"导入"按钮，将其导入"项目"面板中，如图5-80所示。

❷ 在"项目"面板中选中"01.jpg"文件，按住鼠标左键将其拖曳至下方的"新建合成"按钮 上，如图5-81所示。松开鼠标左键，自动创建一个项目合成。

图5-80

图5-81

❸ 在"图层"面板中按Ctrl+K组合键，弹出"合成设置"对话框，在"合成名称"文本框中输入"修复逆光照片"，单击"确定"按钮，将合成命名为"修复逆光照片"，如图5-82所示。"合成"面板中的效果如图5-83所示。

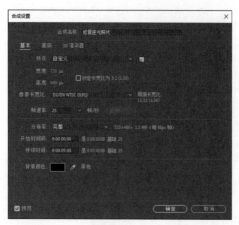

图5-82

图5-83

④ 选中"01.jpg"图层，执行"效果>颜色校正>色阶"命令，在"效果控件"面板中进行设置，如图5-84所示。

⑤ 逆光照片修复完成，如图5-85所示。

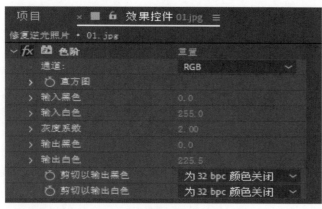

图5-84

图5-85

<table>
<tr><td>5.2.4</td><td>实例：动感模糊文字的制作</td></tr>
</table>

📁 资源位置

| | 素材位置 | 素材文件>CH05>5.2.4实例：动感模糊文字的制作>01.jpg |
|---|---|---|
| | 实例位置 | 实例文件>CH05>5.2.4实例：动感模糊文字的制作.aep |
| | 视频位置 | 视频文件>CH05>5.2.4实例：动感模糊文字的制作.mp4 |
| | 技术掌握 | "Trapcode"效果、"过渡"效果、"模糊和锐化"效果的应用 |

微课视频

本实例主要帮助读者了解"Trapcode"效果、"过渡"效果、"模糊和锐化"效果的应用，掌握影视制作中常见的动感模糊文字的制作方法。最终效果如图5-86所示。

图5-86

### ⚙ 设计思路

（1）动感模糊文字的重点是为文字做动态和模糊效果；

（2）通过关键帧配合文字制作动态效果；

（3）用"定向模糊"为文字添加模糊效果。

### 操作步骤

#### 1. 输入文字

① 按Ctrl+N组合键，弹出"合成设置"对话框，在"合成名称"文本框中输入"动感模糊文字"，其他设置如图5-87所示。单击"确定"按钮，创建一个新的合成。执行"文件>导入>文件"命令，弹出"导入文件"对话框，选择要导入的文件，如图5-88所示。

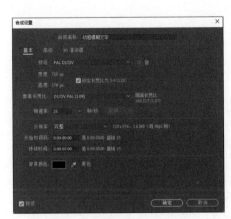

图5-87

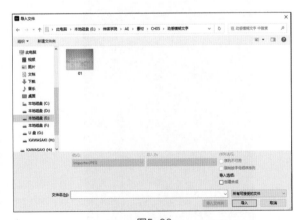

图5-88

② 单击"导入"按钮，导入图片，并将"01.jpg"文件拖曳至"图层"面板中，如图5-89所示。

③ 选择"横排文字工具" T，在"合成"面板中输入文字"CTIY OF SKY"。选中文字，在"字符"面板中设置"填充颜色"为绿色（R=0、G=138、B=255），其他设置如图5-90所示。"合成"面板中的效果如图5-91所示。

图5-89

图5-90 图5-91

### 2. 添加文字特效

① 选中文字图层，执行"效果>过渡>卡片擦除"命令，在"效果控件"面板中进行设置，如图5-92所示。

② 选中文字图层，在"时间轴"面板中将时间指示器放置在0s的位置。在"效果控件"面板中单击"过渡完成"属性左侧的"关键帧自动记录器"按钮 ⑩，记录第1个关键帧，如图5-93所示。

图5-92 图5-93

③ 将时间指示器放置在2s的位置，在"效果控件"面板中设置"过渡完成"属性的值为0%，记录第2个关键帧，如图5-94所示。"合成"面板中的效果如图5-95所示。

After Effects 2022影视后期制作实战教程（全彩微课版）

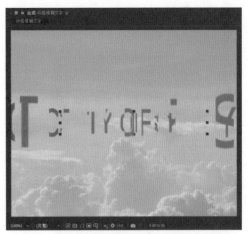

图5-94　　　　　　　　　　　　　　　　　图5-95

④ 选中文字图层，在"时间轴"面板中将时间指示器放置在0s的位置，在"效果控件"面板中单击"摄像机位置"属性组下的"Y轴旋转"属性、"Z位置"属性和"位置抖动"属性组下的"X抖动量"属性、"Z抖动量"属性左侧的"关键帧自动记录器"按钮，如图5-96所示。

⑤ 将时间指示器放置在2s的位置，设置"Y轴旋转"属性的值为0x+0°、"Z位置"属性的值为2、"X抖动量"属性的值为0、"Z抖动量"属性的值为0，如图5-97所示。

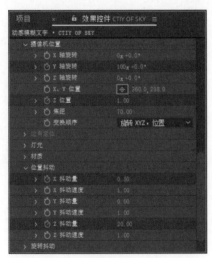

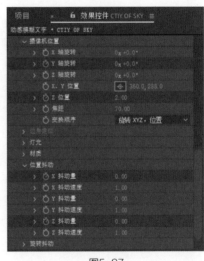

图5-96　　　　　　　　　　　　　　　　　图5-97

### 3. 添加文字动感效果

① 选中文字图层，按Ctrl+D组合键复制一层，如图5-98所示。在"图层"面板中设置复制的文字图层的混合模式为"叠加"，如图5-99所示。

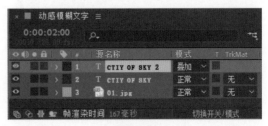

图5-98　　　　　　　　　　　　　　　　　图5-99

② 选中复制的文字图层，在"字符"面板中设置"填充颜色"为白色，其他设置如图5-100所示。"合成"面板中的效果如图5-101所示。

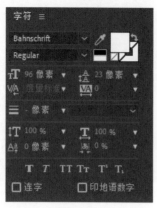

图5-100

图5-101

③ 选中复制的文字图层，执行"效果>模糊和锐化>定向模糊"命令，在"效果控件"面板中进行设置，如图5-102所示。"合成"面板中的效果如图5-103所示。

图5-102

图5-103

④ 将时间指示器放置在0s的位置，在"效果控件"面板中单击"模糊长度"属性左侧的"关键帧自动记录器"按钮■，记录第1个关键帧，如图5-104所示。

⑤ 将时间指示器放置在1s的位置，在"效果控件"面板中设置"模糊长度"属性的值为100，记录第2个关键帧，如图5-105所示。

图5-104

图5-105

⑥ 将时间指示器放置在2s的位置，在"效果控件"面板中设置"模糊长度"属性的值为100，记录第3个关键帧。将时间指示器放置在2:05s的位置，在"效果控件"面板中设置"模糊长度"属性的值为120，记录第4个关键帧，如图5-106所示。

图5-106

⑦ 选中复制的文字图层，执行"效果>Trapcode>Shine"命令，在"效果控件"面板中进行设置，如图5-107所示。"合成"面板中的效果如图5-108所示。

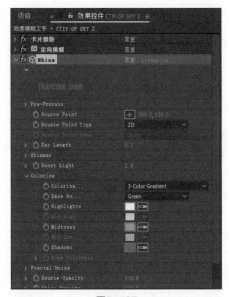

图5-107

图5-108

⑧ 在当前合成中新建一个黑色纯色图层"遮罩"。按P键显示"位置"属性，将时间指示器放置在2s的位置，设置"位置"属性的值为（360、288），单击"位置"属性左侧的"关键帧自动记录器"按钮◎，记录第1个关键帧，如图5-109所示。

⑨ 将时间指示器放置在3s的位置，设置"位置"属性的值为（1080、288），记录第2个关键帧，如图5-110所示。

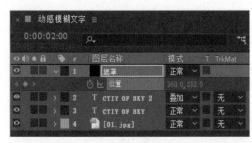

图5-109

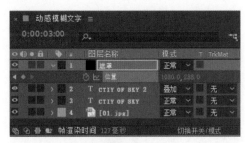

图5-110

⑩ 单击"图层"面板左下角的展开或折叠"转换控制"窗格（▢▢▢），显示"T TrkMat"蒙版，然后选中复制的文字图层，将该图层的"T TrkMat"设置为"Alpha遮罩'遮罩'"，如图5-111所示。"合成"面板中的效果如图5-112所示。

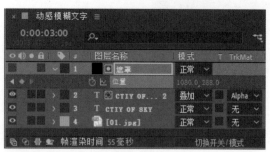

图5-111                                图5-112

4. 添加镜头光晕

① 将时间指示器放置在2s的位置，在当前合成中新建一个黑色纯色图层"光晕"，在"图层"面板中设置"光晕"图层的混合模式为"相加"。选中"光晕"图层，执行"效果>生成>镜头光晕"命令，在"效果控件"面板中进行设置，如图5-113所示。"合成"面板中的效果如图5-114所示。

图5-113                                图5-114

② 在"效果控件"面板中单击"光晕中心"属性左侧的"关键帧自动记录器"按钮 💿，记录第1个关键帧，如图5-115所示。

③ 将时间指示器放置在3s的位置，设置"光晕中心"属性的值为（792、288），记录第2个关键帧，如图5-116所示。

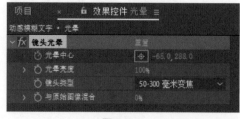

图5-115                                图5-116

④ 选中"光晕"图层，在"时间轴"面板中将时间指示器放置在2s的位置，按Alt+[组合键，设置动画的入点，如图5-117所示。将时间指示器放置在3s的位置，按Alt+]组合键，设置动画的出点，如图5-118所示。

图5-117

图5-118

⑤ 动感模糊文字制作完成，如图5-119所示。

图5-119

## 5.2.5 实例：透视光芒效果的制作

> **★ 资源位置**
>
> 🖼 素材位置　素材文件>CH05>5.2.5实例：透视光芒效果的制作>01.jpg、02.png
>
> 📄 实例位置　实例文件>CH05>5.2.5实例：透视光芒效果的制作.aep
>
> 💻 视频位置　视频文件>CH05>5.2.5实例：透视光芒效果的制作.mp4
>
> ✏ 技术掌握　"生成"效果、"模糊和锐化"效果、"风格化"效果的应用
>
>
> 微课视频

本实例主要帮助读者了解"生成"效果、"模糊和锐化"效果、"风格化"效果的应用，掌握影视制作中常见的透视光芒的制作方法。最终效果如图5-120所示。

图5-120

## ⚙ 设计思路

（1）透视效果是在三维空间中进行的，所以要在3D图层上制作；

（2）光芒效果的制作需要结合"发光"效果来制作出光芒的样式。

## 操作步骤

### 1. 编辑单元格形状

❶ 按Ctrl+N组合键，弹出"合成设置"对话框，在"合成名称"文本框中输入"透视光芒"，其他设置如图5-121所示。单击"确定"按钮，创建一个新的合成。

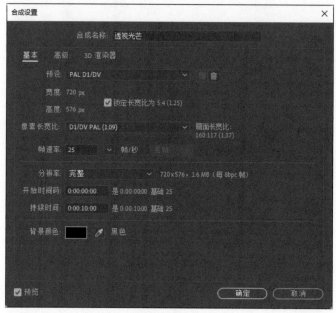

图5-121

❷ 执行"文件>导入>文件"命令，在弹出的"导入文件"对话框中选择要导入的文件，单击"导入"按钮，导入图片。在"项目"面板中选中"01.jpg"文件，并将其拖曳至"图层"面板中，如图5-122所示。

❸ 执行"图层>新建>纯色"命令，弹出"纯色设置"对话框。在"名称"文本框中输入"光芒"，将"颜色"设置为黑色，单击"确定"按钮，在"图层"面板中新建一个黑色纯色图层，如图5-123所示。

图5-122

图5-123

❹ 选中"光芒"图层，执行"效果>生成>单元格图案"命令，在"效果控件"面板中进行设置，如图5-124所示。"合成"面板中的效果如图5-125所示。

After Effects 2022影视后期制作实战教程（全彩微课版）

图5-124

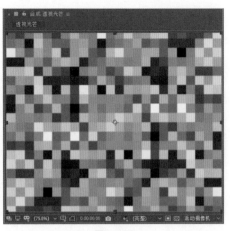

图5-125

⑤ 在"效果控件"面板中单击"演化"属性左侧的"关键帧自动记录器"按钮，记录第1个关键帧，如图5-126所示。将时间指示器放置在9:24s的位置，在"效果控件"面板中设置"演化"属性的值为7x+0°，记录第2个关键帧，如图5-127所示。

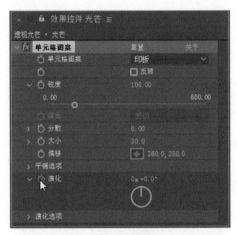

图5-126

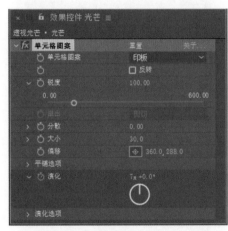

图5-127

⑥ 执行"效果>颜色校正>亮度和对比度"命令，在"效果控件"面板中进行设置，如图5-128所示。"合成"面板中的效果如图5-129所示。

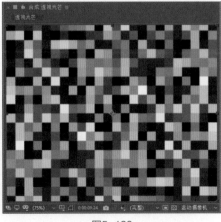

图5-129

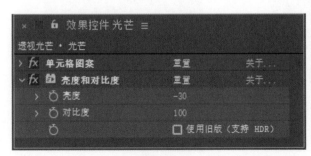

图5-128

⑦ 执行"效果>模糊与锐化>快速方框模糊"命令，在"效果控件"面板中进行设置，如图5-130所示。"合成"面板中的效果如图5-131所示。

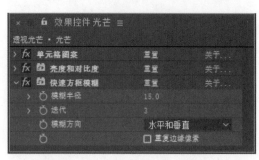

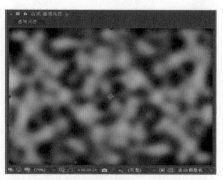

图5-130　　　　　　　　　　　　　　　图5-131

⑧ 执行"效果>风格化>发光"命令，在"效果控件"面板中设置"颜色A"为黄色（R=255、G=228、B=0），设置"颜色B"为红色（R=255、G=0、B=0），其他设置如图5-132所示。"合成"面板中的效果如图5-133所示。

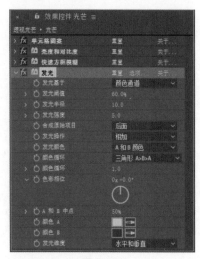

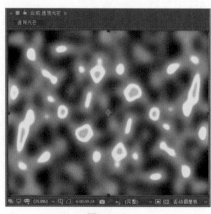

图5-132　　　　　　　　　　　　　　　图5-133

## 2. 添加透视效果

① 选择"矩形工具" ，在"合成"面板中拖曳鼠标指针绘制一个矩形蒙版，选中"光芒"图层，按两次M键显示"蒙版 1"属性组，设置"蒙版不透明度"属性的值为100%，设置"蒙版羽化"属性的值为（233、233），如图5-134所示。"合成"面板中的效果如图5-135所示。

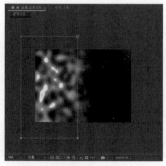

图5-134　　　　　　　　　　　　　　　图5-135

② 执行"图层>新建>摄像机"命令，弹出"摄像机设置"对话框，在"名称"文本框中输入"摄像机1"，其他设置如图5-136所示。单击"确定"按钮，在"图层"面板中新建一个摄像机图层，如图5-137所示。

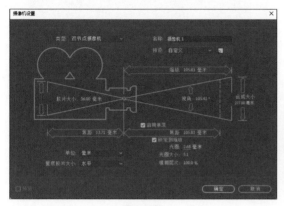

图5-136　　　　　　　　　　　　　　　　　　图5-137

③ 选中"光芒"图层，单击"光芒"图层右侧的"3D图层"按钮，打开该图层的三维属性，设置"变换"属性组，如图5-138所示。"合成"面板中的效果如图5-139所示。

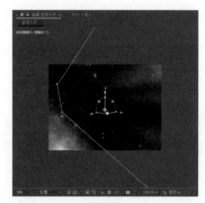

图5-138　　　　　　　　　　　　　　　　　　图5-139

④ 将时间指示器放置在0s的位置，单击"锚点"属性左侧的"关键帧自动记录器"按钮，记录第1个关键帧，如图5-140所示。将时间指示器放置在9:24s的位置，设置"锚点"属性的值为（497.7、320、-10），记录第2个关键帧，如图5-141所示。

图5-140　　　　　　　　　　　　　　　　　　图5-141

⑤ 在"图层"面板中设置"光芒"图层的混合模式为"线性减淡"，如图5-142所示。"合成"面板中的效果如图5-143所示。

图5-142

图5-143

⑥ 将时间指示器放置在6:19s的位置，在"项目"面板中选中"02.png"文件，并将其拖曳至"图层"面板中。按P键显示"位置"属性，设置"位置"属性的值为（315.8、341.5），如图5-144所示。

⑦ 透视光芒效果制作完成，如图5-145所示。

图5-144

图5-145

## 5.2.6 实例：放射光芒效果的制作

### 📩 资源位置

| | | |
|---|---|---|
| 🎞 素材位置 | 素材文件>CH05>5.2.6实例：放射光芒效果的制作>01.mp4 | |
| 📋 实例位置 | 实例文件>CH05>5.2.6实例：放射光芒效果的制作.aep | |
| 🖥 视频位置 | 视频文件>CH05>5.2.6实例：放射光芒效果的制作.mp4 | |
| ✏ 技术掌握 | "杂色和颗粒"效果、"模糊和锐化"效果、"风格化"效果、"扭曲"效果的应用 | |

微课视频

本实例主要帮助读者了解"杂色和颗粒"效果、"模糊和锐化"效果、"风格化"效果、"扭曲"效果的应用，掌握影视制作中常见的放射光芒效果的制作方法。最终效果如图5-146所示。

图5-146

## 设计思路

（1）放射光芒是需要发散出去的不规则的光芒效果，需要做扭曲和模糊；
（2）用图层的混合模式与图层之间的叠加关系使光芒出现在人手上。

## 操作步骤

❶ 按Ctrl+N组合键，弹出"合成设置"对话框，在"合成名称"文本框中输入"最终效果"，其他设置如图5-147所示。单击"确定"按钮，创建一个新的合成。

❷ 执行"文件>导入>文件"命令，在弹出的"导入文件"对话框中选择要导入的文件，单击"导入"按钮，导入视频到"项目"面板中，如图5-148所示。

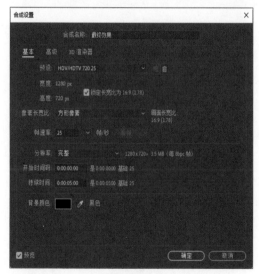

图5-147

图5-148

❸ 在"项目"面板中选中"01.mp4"文件，将其拖曳至"图层"面板中。按S键显示"缩放"属性，设置"缩放"属性的值为（67、67%），如图5-149所示。"合成"面板中的效果如图5-150所示。

图5-149

图5-150

④ 执行"图层>新建>纯色"命令，弹出"纯色设置"对话框，在"名称"文本框中输入"放射光芒"，将"颜色"设置为黑色，单击"确定"按钮，在"图层"面板中新建一个黑色纯色图层，如图5-151所示。

⑤ 选中"放射光芒"图层，执行"效果>杂色和颗粒>分形杂色"命令，在"效果控件"面板中进行设置，如图5-152所示。"合成"面板中的效果如图5-153所示。

图5-151

图5-152

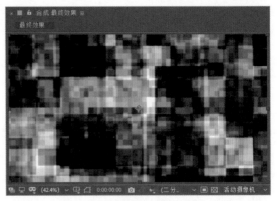

图5-153

⑥ 将时间指示器放置在0s的位置，在"效果控件"面板中单击"演化"属性左侧的"关键帧自动记录器"按钮 ，记录第1个关键帧，如图5-154所示。

⑦ 将时间指示器放置在4:24s的位置，在"效果控件"面板中设置"演化"属性的值为10x+0°，记录第2个关键帧，如图5-155所示。

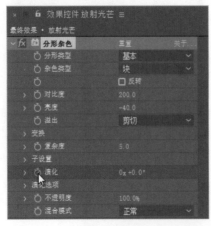

图5-154

图5-155

❽ 将时间指示器放置在0s的位置，选中"放射光芒"图层，执行"效果>模糊和锐化>定向模糊"命令，在"效果控件"面板中进行设置，如图5-156所示。"合成"面板中的效果如图5-157所示。

图5-156

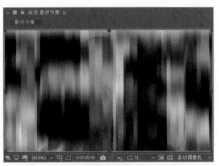

图5-157

❾ 执行"效果>颜色校正>色相/饱和度"命令，在"效果控件"面板中进行设置，如图5-158所示。"合成"面板中的效果如图5-159所示。

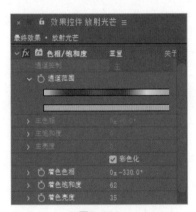

图5-158

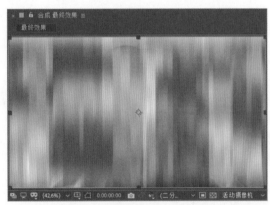

图5-159

❿ 执行"效果>风格化>发光"命令，在"效果控件"面板中设置"颜色A"为蓝色（R=36、G=98、B=255），设置"颜色B"为黄色（R=255、G=234、B=0），其他设置如图5-160所示。"合成"面板中的效果如图5-161所示。

图5-160

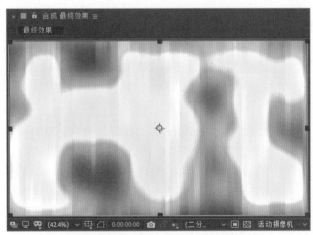

图5-161

⓫ 执行"效果>扭曲>极坐标"命令，在"效果控件"面板中进行设置，如图5-162所示。"合成"面板中的效果如图5-163所示。

图5-162

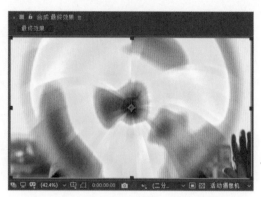

图5-163

⓬ 在"图层"面板中设置"放射光芒"图层的混合模式为"相乘"，按S键显示"缩放"属性，设置"缩放"属性的值为（65、65%）；按住Shift键的同时按T键显示"不透明度"属性，设置"不透明度"属性的值为75%；按住Shift键的同时按P键显示"位置"属性，设置"位置"属性的值为（647、386），如图5-164所示。

⓭ 放射光芒效果制作完成，如图5-165所示。

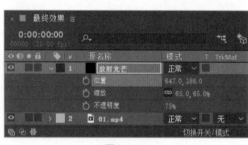

图5-164

图5-165

## 5.2.7 实例：降噪

**资源位置**

素材位置　素材文件>CH05>5.2.7实例：降噪>01.jpg
实例位置　实例文件>CH05>5.2.7实例：降噪.aep
视频位置　视频文件>CH05>5.2.7实例：降噪.mp4
技术掌握　"颜色校正"效果、"杂色和颗粒"效果的应用

微课视频

本实例主要帮助读者了解"颜色校正"效果、"杂色和颗粒"效果的应用，掌握影视制作中常见的降噪的方法。最终效果如图5-166所示。

图5-166

## ⚙ 设计思路

（1）这是在后期制作中遇到画面噪点过高的快速处理方法；

（2）分析噪点过高的原因是画面颗粒感太强，所以需要利用"移除颗粒"效果来制作。

## 操作步骤

### 1. 导入图片

① 执行"文件>导入>文件"命令，在弹出的"导入文件"对话框中选择要导入的文件，如图5-167所示。单击"导入"按钮，导入图片。

② 在"项目"面板中选中"01.jpg"文件，并将其拖曳至"项目"面板下方的"新建合成"按钮 上，如图5-168所示。此时，将自动创建一个项目合成。

图5-167

图5-168

③ 在"图层"面板中，按Ctrl+K组合键，弹出"合成设置"对话框，在"合成名称"文本框中输入"降噪"，如图5-169所示。单击"确定"按钮，将合成命名为"降噪"。"合成"面板中的效果如图5-170所示。

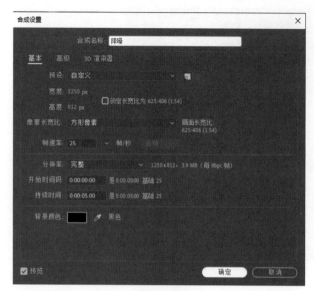

图5-169

图5-170

## 2. 修复图片

❶ 选中"01.jpg"图层，执行"效果>杂色和颗粒>移除颗粒"命令，在"效果控件"面板中进行设置，如图5-171所示。"合成"面板中的效果如图5-172所示。

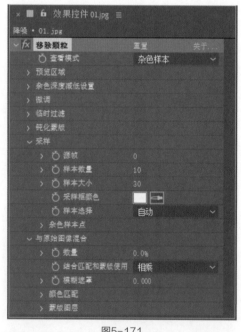

图5-171

图5-172

❷ 展开"项目"面板中的"杂色样本点"属性组，在"效果控件"面板中进行设置，如图5-173所示。"合成"面板中的效果如图5-174所示。

❸ 选中"01.jpg"图层，在"效果控件"面板的"查看模式"下拉列表中选择"最终输出"选项，展开"杂色深度减低设置"属性组，在"效果控件"面板中进行设置，效果如图5-175所示。"合成"面板中的效果如图5-176所示。

图5-173

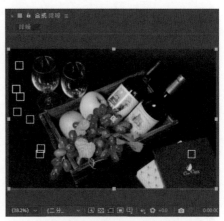

图5-174

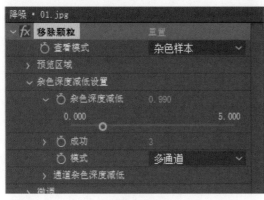

图5-175

图5-176

④ 执行"效果>颜色校正>色阶"命令，在"效果控件"面板中进行设置，如图5-177所示。"合成"面板中的效果如图5-178所示。

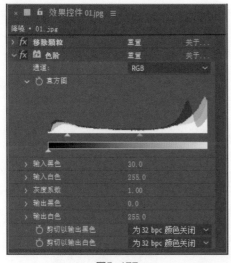

图5-177

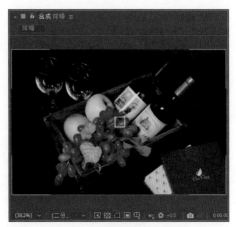

图5-178

⑤ 执行"效果>颜色校正>曲线"命令，在"效果控件"面板中调整曲线，如图5-179所示。
⑥ 图像的降噪处理完成，如图5-180所示。

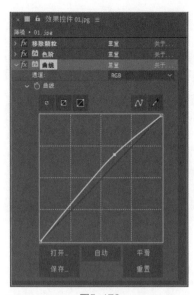

图5-179

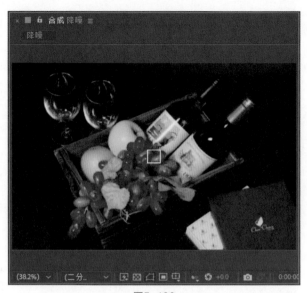

图5-180

## 5.2.8 实例：气泡效果的制作

⭐ 资源位置

🚌 素材位置　素材文件>CH05>5.2.8实例：气泡效果的制作>01.jpg
📑 实例位置　实例文件>CH05>5.2.8实例：气泡效果的制作.aep
🖥 视频位置　视频文件>CH05>5.2.8实例：气泡效果的制作.mp4
✏ 技术掌握　"模拟"效果的应用

微课视频

　　本实例主要帮助读者了解"模拟"效果的应用，掌握影视制作中常见的气泡效果的制作方法。最终效果如图5-181所示。

图5-181

### ⚙ 设计思路

（1）气泡应该是漂浮在画面上的，所以应该在最上面的图层中制作；

（2）气泡效果本身是没有的，需要我们通过软件来模拟，所以要用到"模拟"中的"泡沫"效果。

### 🖰 操作步骤

❶ 按Ctrl+N组合键，弹出"合成设置"对话框，在"合成名称"文本框中输入"最终效果"，其他设置如图5-182所示。单击"确定"按钮，创建一个新的合成。

❷ 执行"文件>导入>文件"命令，在弹出的"导入文件"对话框中选择要导入的文件，单击"导入"按钮，导入背景图片到"项目"面板中，并将其拖曳至"图层"面板中。选中"01.jpg"图层，按Ctrl+D组合键复制图层，如图5-183所示。

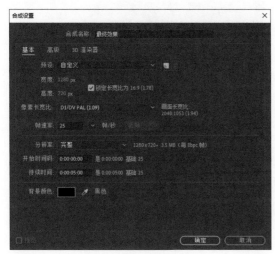

图5-182

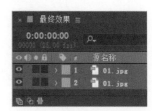

图5-183

❸ 选中复制的"01.jpg"图层，执行"效果>模拟>泡沫"命令，在"效果控件"面板中进行设置，如图5-184所示。

❹ 将时间指示器放置在0s的位置，在"效果控件"面板中单击"强度"属性左侧的"关键帧自动记录器"按钮🔘，记录第1个关键帧，如图5-185所示。

❺ 将时间指示器放置在4:24s的位置，在"效果控件"面板中设置"强度"属性的值为0，记录第2个关键帧，如图5-186所示。

❻ 气泡效果制作完成，如图5-187所示。

图5-184

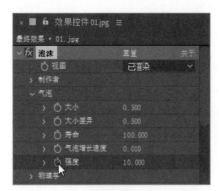

图5-185

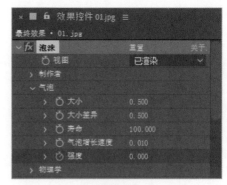

图5-186

图5-187

## 5.3　实战训练：手绘效果的制作

　　本实战主要帮助读者了解"风格化"效果、"颜色校正"效果的应用，掌握影视作品中常见的手绘效果的制作方法。最终效果如图5-188所示。

图5-188

## ⚙ 设计思路

（1）手绘效果是需要提取画面线条的，所以需要用到"查找边缘"效果；

（2）为了使手绘感更强，应该强化边缘线条，所以在最后还要添加"画笔描边"效果。

### 操作步骤

① 按Ctrl+N组合键，弹出"合成设置"对话框，在"合成名称"文本框中输入"最终效果"，其他设置如图5-189所示。单击"确定"按钮，创建一个新的合成。

② 执行"文件>导入>文件"命令，在弹出的"导入文件"对话框中选择要导入的文件，单击"导入"按钮，导入图片。在"项目"面板中选中"01.jpg"文件，并将其拖曳至"图层"面板中，如图5-190所示。

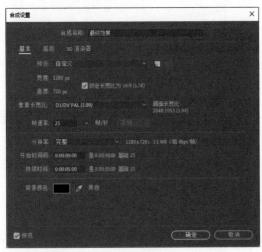

图5-189

图5-190

③ 选中"01.jpg"图层，按Ctrl+D组合键复制图层，如图5-191所示。选择复制的"01.jpg"图层，按T键显示"不透明度"属性，设置"不透明度"属性的值为70%，如图5-192所示。

图5-191

图5-192

④ 选择复制的"01.jpg"图层，执行"效果>风格化>查找边缘"命令，在"效果控件"面板中进行设置，如图5-193所示。"合成"面板中的效果如图5-194所示。

图5-193

图5-194

⑤ 执行"效果>颜色校正>色阶"命令，在"效果控件"面板中进行设置，如图5-195所示。"合成"面板中的效果如图5-196所示。

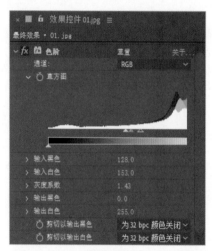

图5-195

图5-196

⑥ 执行"效果>颜色校正>色相/饱和度"命令，在"效果控件"面板中进行设置，如图5-197所示。"合成"面板中的效果如图5-198所示。

图5-197

图5-198

⑦ 执行"效果>风格化>画笔描边"命令，在"效果控件"面板中进行设置，如图5-199所示。"合成"面板中的效果如图5-200所示。

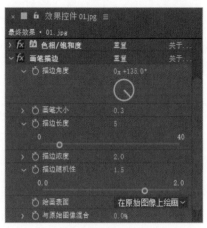

图5-199　　　　　　　　　　　　　　　　　图5-200

⑧ 在"项目"面板中选择原始的"01.jpg"素材，将其复制并拖曳至"图层"面板中的最顶部，如图5-201所示。选中顶层的"01.jpg"图层，选择"钢笔工具" ，在"合成"面板中绘制一个蒙版形状，如图5-202所示。

图5-201　　　　　　　　　　　　　　　　　图5-202

⑨ 选中顶层的"01.jpg"图层，按F键显示"蒙版羽化"属性，设置"蒙版羽化"属性的值为（60、60），如图5-203所示。

⑩ 手绘效果制作完成，如图5-204所示。

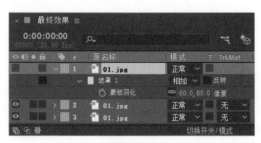

图5-203　　　　　　　　　　　　　　　　　图5-204

# 第 6 章 | 调色效果

## 本章导读

在After Effects中，调色是制作属于自己风格的影片需要掌握的重要手段。制作者可以通过不同的色彩营造出各种独特的氛围和意境，带给观众完全不同的感受。调色可以解决在实际拍摄中由天气、环境、设备等影响造成的拍摄画面与真实效果有一定偏差的问题，从而很好地还原真实的色彩效果；也可以根据实际需求创造出与真实环境截然不同的色彩效果。

## 学习要点

- 三色调、色阶与曲线
- 通道混合器
- 照片滤镜
- Lumetri颜色
- 灰度系数/基值/增益
- 色相/饱和度
- 亮度/对比度
- 保留颜色
- 颜色平衡
- 黑色和白色

## 6.1 调色基础

本节主要讲解After Effects中调色的基础知识，调色主要是调整素材的色彩、亮度、对比度、明暗度等。After Effects可以根据实际需求创造出不同的画面色彩，以满足不同的影片风格，这也是非线性后期软件的优势。

### 6.1.1 三色调、色阶与曲线

"三色调"工具、"色阶"工具、"曲线"工具是After Effects中3种常用的调色工具。"三色调"工具通常针对亮、灰、暗这3种色调的视频图像进行颜色替换，"色阶"工具主要用来调整颜色的明暗及颜色的新鲜度，"曲线"工具主要用来调整颜色的局部亮度。下面通过实例操作来讲解"三色调"工具、"色阶"工具、"曲线"工具的使用方法。

选中素材，执行"效果>颜色校正>三色调"命令，可以改变画面中亮、灰、暗的色调效果，如图6-1所示。

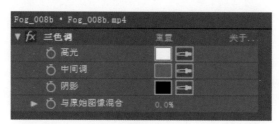

图6-1

选中素材，执行"效果>颜色校正>曲线"命令，可以选择"RGB"通道，通过调整"亮度色标""中间度色标""暗调色标"等属性的值来改变画面效果，也可以选择改变"输入黑色""输入白色""灰度系数""输出黑色""输出白色"属性的值来调整画面中的黑、白、灰色调的数量，从而改变画面中颜色的明暗及颜色的新鲜度，如图6-2所示。

选中素材，执行"效果>颜色校正>色阶"命令，选择"RGB"通道，通过调整曲线的位置和弧度来调整画面中颜色的局部亮度，如图6-3所示。效果如图6-4所示。

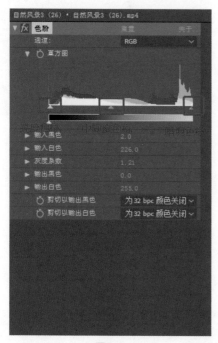

图6-2

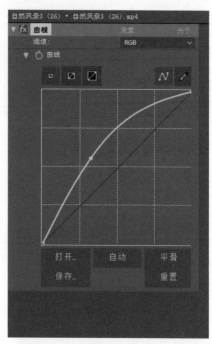

图6-3

图6-4

"通道混合器"工具是After Effects中一种常用的调色工具。"通道混合器"工具将RGB模式的颜色分为红、绿、蓝,并且对每种颜色的比重进行调节,从而制作颜色的分离效果。下面通过实例操作来讲解"通道混合器"工具的使用方法。

新建一个白色的纯色图层,执行"效果>颜色校正>通道混合器"命令,把"绿色"属性的值设为0,此时画面从白色变为紫色,因为红加蓝成紫色,如图6-5所示。画面效果如图6-6所示。

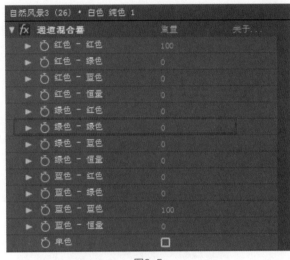
图6-5

图6-6

新建一个白色的纯色图层,执行"效果>颜色校正>通道混合器"命令,把"蓝色"属性的值设为0,此时画面从白色变为黄色,因为红加绿成黄色,如图6-7所示。画面效果如图6-8所示。

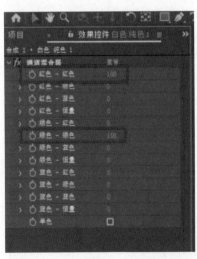
图6-7

图6-8

新建一个白色的纯色图层,执行"效果>颜色校正>通道混合器"命令,把"红色"属性的值设为0,此时画面从白色变为青色,因为蓝加绿成青色,如图6-9所示。画面效果如图6-10所示。

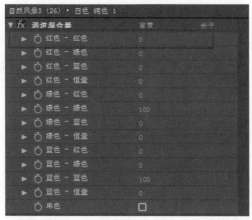

图6-9　　　　　　　　　　　　　　　　　　　　　　　图6-10

### 6.1.3　照片滤镜

"照片滤镜"工具是After Effects中一种常用的调色工具。"照片滤镜"工具给画面中光不均匀的地方铺上一层纯色光，通过调整滤镜的暖色调、冷色调、颜色、模拟色这4种模式，使画面中的光更均匀。下面通过实例操作来讲解"照片滤镜"工具的使用方法。

选中素材，执行"效果>颜色校正>照片滤镜"命令，选择"滤镜"预设中的"暖色滤镜(LBA)"选项，调整"密度"属性的值为52%，给画面铺上一层暖色调的光，其中"密度"属性的值的大小是用来调整滤镜的强度的，如图6-11所示。画面效果如图6-12所示。

图6-11　　　　　　　　　　　　　　　　　　图6-12

选中素材，执行"效果>颜色校正>照片滤镜"命令，选择"滤镜"预设中的"冷色滤镜(80)"选项，调整"密度"属性的值为30%，给画面铺上一层冷色调的光，其中"密度"属性的值的大小是用来调整滤镜的强度的，"滤镜"预设中的颜色模式、模拟色模式同理，如图6-13所示。画面效果如图6-14所示。

图6-13 图6-14

### 6.1.4 Lumetri颜色

"Lumetri颜色"工具是After Effects中一种常用的调色工具。"Lumetri颜色"工具通过调整图层来调整画面的颜色。下面我们来了解一下"Lumetri颜色"工具的调色选项有什么作用。

"基本校正"属性组中的"输入LUT"下拉列表中有一些预设，用户可以选择自己需要的预设并直接使用到视频画面中，但是使用预设一般不能得到理想的画面效果。如图6-15所示。

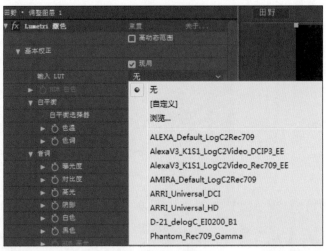

图6-15

"基本校正"属性组的"白平衡"属性组中的"色温"属性用于调节颜色的冷暖调，值为正时使画面变暖，值为负时使画面变冷，通常情况下不进行调整，如图6-16所示。

"基本校正"属性组的"音调"属性组中的"曝光度"属性用于调节画面的曝光程度，以校正视频素材曝光过度或者曝光不足的情况；"对比度"属性用于调节画面亮和暗的反差程度，值越大画面的反差程度越大，同时会损耗画面的一部分质量；"高光"属性用于调整画面高亮区域的亮度值，可以增强也可以减弱；"阴影"属性用于调节画面暗部区域的明暗度；"白色"属性用于调节白色调区域的强度；"黑色"属性用于调节黑色调区域的强度，如图6-17所示。

图6-16　　　　　　　　　　　　　　　　　　图6-17

　　"创意"属性组中有许多After Effects提供给用户的颜色配色方案，常用的是"SL"系列的配色方案，"强度"属性是用来调节配色方案的强弱的，"调整"属性组中的"淡化胶片""锐化""自然饱和度""饱和度""分离色调"属性是用来按需求调整画面细节的，如图6-18所示。

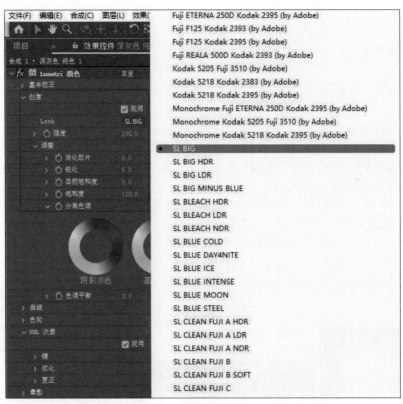

图6-18

## 6.1.5　灰度系数/基值/增益

　　"灰度系数/基值/增益"工具是After Effects中一种常用的调色工具，用于对视频画面的颜色、色温进行调节。下面我们来了解一下"灰度系数/基值/增益"工具的调色选项有什么作用。
　　"黑色伸缩"属性主要用于调整图像的明暗，但是黑色区域不受其影响；"红色灰度系数"属性主要用于调整红色油墨的强弱；"红色基值"属性用于调整画面红色的总体调的多少；"红色增益"属性用于增强整个画面的红色；"绿色灰度系数""绿色基值""绿色增益""蓝色灰度系数""蓝色基值""蓝色增益"属性的作用与"红色灰度系数""红色基值""红色增益"属性同理，如图6-19所示。

图6-19

## 6.1.6 色相/饱和度

　　"色相/饱和度"工具是After Effects中一种常用的调色工具。"色相/饱和度"工具中的色相指的是画面的颜色，饱和度指的是颜色的鲜艳程度，所以"色相/饱和度"效果是对视频画面的颜色和鲜艳程度的调节。下面我们来了解一下"色相/饱和度"工具的调色选项有什么作用。

　　"通道控制"属性用于选择控制色调，"主"代表的是选择所有色调，也可选择其他颜色选项单独对某个色调进行调整，"通道范围"属性用于调整画面的色相，"主色相"属性用于调整画面主体色相的颜色，如图6-20所示。

　　"主饱和度"属性用于调整画面整体色彩的鲜艳程度，值越大画面越鲜艳；"主亮度"属性用于调整整个画面的亮度，值越大画面越亮，如图6-21所示。

　　"彩色化"属性用于将彩色的画面变成单色的画面，也用于调整单色画面中的"着色色相""着色饱和度""着色亮度"，如图6-22所示。

图6-20

图6-21

图6-22

## 6.1.7 亮度/对比度

　　"亮度/对比度"工具是After Effects中一种常用的调色工具。"亮度/对比度"工具中的亮度指的是画面的明暗程度，对比度指的是画面亮和暗的反差程度，所以"亮度/对比度"效果是对视频画面的明暗程度的调节。下面我们来了解一下"亮度/对比度"工具的调色选项有什么作用。

"亮度"属性用于调整画面的明暗程度，值越大画面越亮，可以通过改变画面的亮度来表现光线的变化，做出日出到日落的动画效果；"对比度"属性用于调整画面明暗反差的程度，值越大反差越大，可以通过改变画面的对比度来做出日出到日落不同的光线下明暗区域的改变的动画效果，如图6-23所示。

图6-23

## 6.1.8 保留颜色

"保留颜色"工具是After Effects中一种常用的调色工具，用于保留画面中的某种颜色信息。下面我们来了解一下"保留颜色"工具的调色选项有什么作用。

"要保留的颜色"可以是系统自动识别画面中所占比重最大的颜色，也可以是用户根据自身需求选择需要保留的颜色并进行更改，如图6-24所示。

"脱色量"属性用于将要保留的颜色之外的彩色信息去除，值越大彩色信息去除得越多，同时可以调整"容差"属性和"边缘柔和度"属性来使画面的过渡更自然，如图6-25所示。

图6-24

图6-25

## 6.1.9 颜色平衡

"颜色平衡"工具是After Effects中一种常用的调色工具。"颜色平衡"是指两种相反的颜色相互调节。下面我们来了解一下"颜色平衡"工具的调色选项有什么作用。

"阴影红色平衡""阴影绿色平衡""阴影蓝色平衡"等属性用于调整画面中暗部的红、绿、蓝色调，"中间调红色平衡""中间调绿色平衡""中间调蓝色平衡"等属性用于调整画面中中间调的红、绿、蓝色调，"高光红色平衡""高光绿色平衡""高光蓝色平衡"等属性用于调整画面中亮部的色调，如图6-26所示。

图6-26

## 6.1.10 黑色和白色

"黑色和白色"工具是After Effects中一种常用的调色工具，可自动将画面色调变成灰色模式。下面我们来了解一下"黑色和白色"工具的调色选项有什么作用。

"红色""黄色""绿色""青色""蓝色""洋红"属性用于调整画面中的红色、黄色、绿色、青色、蓝色、洋红，使画面变为黑色或者白色，值越大画面越白，值越小画面越黑，如图6-27所示。

"淡色"属性用于为画面整体着色，着色颜色由"色调颜色"属性控制，如图6-28所示。

图6-27

图6-28

# 6.2 调色效果设计实例

本节主要讲解After Effects中调色效果的应用，其调色操作主要在"效果控件"面板中进行。

## 6.2.1 实例：季节更替效果的制作

📁 资源位置

🖼 素材位置    素材文件>CH06>实例：季节更替素材.mov

📄 实例位置    实例文件>CH06>6.2.1实例：季节更替效果的制作.aep

💻 视频位置    视频文件>CH06>6.2.1实例：季节更替效果的制作.mp4

✏ 技术掌握    "色相/饱和度"工具的应用

本实例主要帮助读者了解"色相/饱和度"工具的应用，掌握影视作品中常见的季节更替效果的制作方法。最终效果如图6-29所示。

图6-29

⚙ **设计思路**

（1）季节更替整体的色调就应该由绿变黄，所以要利用"色相/饱和度"来改变整体画面的色调；

（2）为了丰富画面动态，可以添加一束光晕，通过光晕的变化带动整个画面的色调变化，使画面更和谐。

🔗 操作步骤

① 在"项目"面板空白处单击鼠标右键，在弹出的快捷菜单中执行"导入>文件"命令，如图6-30所示。

② 在弹出的"导入文件"对话框中选择"季节更替素材.mov"文件，单击"导入"按钮，如图6-31所示。

图6-30

图6-31

③ 选中"项目"面板中的"季节更替素材.mov"素材，单击鼠标右键，在弹出的快捷菜单中执行"基于所选项新建合成"命令，如图6-32所示。

④ 选中"季节更替素材"图层，执行"效果>颜色校正>色相/饱和度"命令，可以改变画面的色相，从而达到季节更替的效果。在"季节更替素材"图层0s的位置添加"色相/饱和度"关键帧，所有设置不变，如图6-33所示。

图6-32 图6-33

⑤ 选中"季节更替素材"图层，在"季节更替素材"图层最后一帧的位置添加"色相/饱和度"关键帧，在"效果控件"面板中分别设置"主"通道、"红色"通道、"黄色"通道、"绿色"通道、"青色"通道中的"色相"和"饱和度"属性的值，如图6-34～图6-38所示。

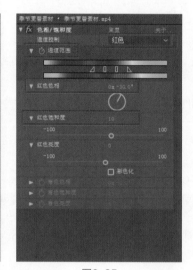

图6-34 图6-35 图6-36

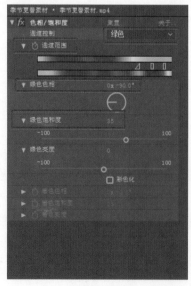

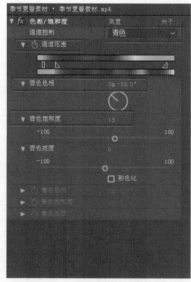

图6-37 图6-38

After Effects 2022影视后期制作实战教程（全彩微课版）

⑥ 选中"季节更替素材"图层，执行"效果>生成>镜头光晕"命令，在"季节更替素材"图层0s的位置添加"光晕中心"和"光晕亮度"的关键帧，在"效果控件"面板中设置"光晕中心"属性的值为（503、52）、"光晕亮度"属性的值为50%，此时画面的光影更丰富，如图6-39所示。画面效果如图6-40所示。

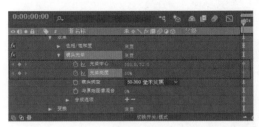

图6-39

图6-40

⑦ 选中"季节更替素材"图层，在"季节更替素材"图层最后一帧的位置添加"光晕中心"和"光晕亮度"关键帧，在"效果控件"面板中设置"光晕中心"属性的值为（1252、44）、"光晕亮度"属性的值为100%，此时营造出一种季节在变换，阳光也跟着在变换的氛围，如图6-41所示。画面效果如图6-42所示。

图6-41

图6-42

⑧ 按空格键预览最终效果，可以看到树木由青变黄的过程，如图6-43所示。

图6-43

## 6.2.2 实例：冷色氛围处理

📁 **资源位置**

| | | |
|---|---|---|
| 素材位置 | 素材文件>CH06>实例：冷色氛围素材.mp4 | |
| 实例位置 | 实例文件>CH06>6.2.2实例：冷色氛围处理.aep | |
| 视频位置 | 视频文件>CH06>6.2.2实例：冷色氛围处理.mp4 | |
| 技术掌握 | "色调""曲线""颜色平衡"工具的应用 | |

微课视频

本实例主要帮助读者了解"色调"工具、"曲线"工具、"颜色平衡"工具的应用,掌握影视制作中常见的冷暖色调转换的方法。最终效果如图6-44所示。

图6-44

⚙ 设计思路

(1)冷色氛围需要整体画面为偏冷色调,所以需要减少红色,增加蓝色和绿色;

(2)利用"曲线"增加蓝色和绿色,减少红色;

(3)因为画面分暗部和亮部,所以要掌握分区调色的方法,需要用"颜色平衡"效果来分别对画面的亮部和暗部进行色调调整。

🖱 操作步骤

① 在"项目"面板空白处单击鼠标右键,在弹出的快捷菜单中执行"导入>文件"命令,如图6-45所示。

② 在弹出的"导入文件"对话框中选择"冷色氛围素材.mp4"文件,单击"导入"按钮,如图6-46所示。

图6-45

③ 选中"项目"面板中的"冷色氛围素材.mp4"素材,单击鼠标右键,在弹出的快捷菜单中执行"基于所选项新建合成"命令,如图6-47所示。

图6-46

图6-47

④ 选中"冷色氛围素材"图层，执行"效果>颜色校正>色调"命令，可以把更多的画面颜色控制在中间调部分（灰度信息部分），在"效果控件"面板中设置"着色数量"属性的值为40%，如图6-48所示。画面效果如图6-49所示。

图6-48

图6-49

⑤ 选中"冷色氛围素材"图层，执行"效果>颜色校正>曲线"命令，在"效果控件"面板中分别设置"RGB"通道、"红色"通道、"绿色"通道和"蓝色"通道中的曲线，如图6-50～图6-53所示。

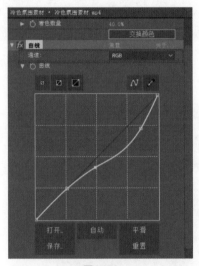

图6-50

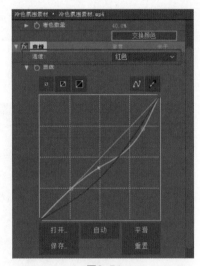

图6-51

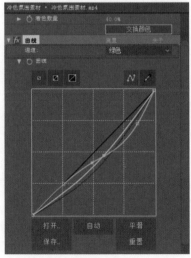

图6-52

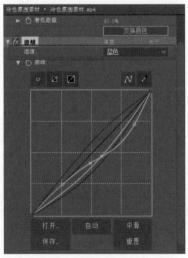

图6-53

⑥ 选中"冷色氛围素材"图层，执行"效果>颜色校正>色调"命令，在"效果控件"面板中设置"着色数量"属性的数值为20%，此时画面颜色的过渡更加自然，如图6-54所示。

⑦ 选中"冷色氛围素材"图层，执行"效果>颜色校正>颜色平衡"命令，分别设置其阴影、中间调和高光的值，如图6-55所示。

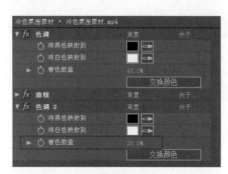

图6-54

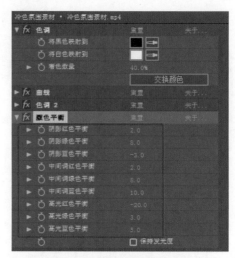

图6-55

⑧ 按空格键预览最终效果，如图6-56所示。

图6-56

## 6.2.3 实例：复古色调卡片的制作

📁 **资源位置**

| | | |
|---|---|---|
| 🎞 素材位置 | 素材文件>CH06>实例：复古色调卡片素材.jpg | |
| 📋 实例位置 | 实例文件>CH06>6.2.3实例：复古色调卡片的制作.aep | |
| 🖥 视频位置 | 视频文件>CH06>6.2.3实例：复古色调卡片的制作.mp4 | |
| ✏️ 技术掌握 | "三色调""色阶""毛边"工具的应用 | |

微课视频

本实例主要帮助读者了解"三色调"工具、"色阶"工具、"毛边"工具的应用，掌握影视制作中常见的复古色调的制作方法。最终效果如图6-57所示。

图6-57

## ⚙ 设计思路

（1）复古色调应该是偏暗偏黄的，所以需要利用"三色调"来调整中间色；

（2）为了做旧效果，可以为画面四周加上暗影或毛边，即添加"毛边"效果。

## ✑ 操作步骤

① 在"项目"面板空白处单击鼠标右键，在弹出的快捷菜单中执行"导入>文件"命令，如图6-58所示。

② 在弹出的"导入文件"对话框中选择"复古色调卡片素材.mov"文件，单击"导入"按钮，如图6-59所示。

③ 选中"项目"面板中的"复古色调卡片素材.mov"素材，单击鼠标右键，在弹出的快捷菜单中执行"基于所选项新建合成"命令，如图6-60所示。

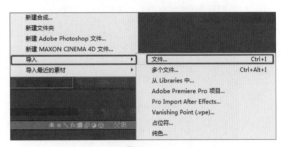

图6-58

图6-59

图6-60

④ 选中"复古色调卡片素材"图层，执行"效果>颜色校正>三色调"命令，可以改变画面的中间调色相，在"效果控件"面板中设置"与原始图像混合"属性的值为10%，如图6-61所示。画面效果如图6-62所示。

图6-61

图6-62

⑤ 选中"复古色调卡片素材"图层，执行"效果>颜色校正>色阶"命令，在"效果控件"面板中设置"RGB"通道中的"灰度系数"属性的值为0.4，如图6-63所示。画面效果如图6-64所示。

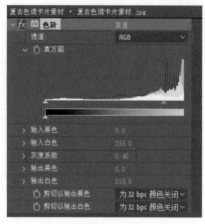

图6-63

图6-64

⑥ 执行"图层>新建>纯色"命令，新建一个名为"边缘"的纯色图层，并设置图层颜色为棕色（R=100、G=77、B=45），如图6-65所示。

⑦ 选中"边缘"图层，执行"效果>风格化>毛边"命令，在"效果控件"面板中设置"边缘类型"为"影印"、"边界"属性的值为15、"复杂度"属性的值为1，如图6-66所示。画面效果如图6-67所示。

图6-65

图6-66

After Effects 2022影视后期制作实战教程（全彩微课版）

图6-67

⑧ 选中"边缘"图层，设置"边缘"图层的"不透明度"属性的值为20%，如图6-68所示。

⑨ 按空格键预览最终效果，如图6-69所示。

图6-68

图6-69

## 6.2.4 实例：天气变换效果的制作

⭐ 资源位置

🎞 素材位置　　素材文件>CH06>实例：天气变换素材.mp4

📄 实例位置　　实例文件>CH06>6.2.4实例：天气变换效果的制作.aep

🖥 视频位置　　视频文件>CH06>6.2.4实例：天气变换效果的制作.mp4

✏ 技术掌握　　"亮度/对比度""色相/饱和度"工具的应用

微课视频

本实例主要帮助读者了解"亮度/对比度"工具、"色相/饱和度"工具的应用，掌握影视制作中常见的天气变换效果的制作方法。最终效果如图6-70所示。

图6-70

## 设计思路

（1）天色变换效果应该是画面明暗的一个改变，所以需要调整画面的亮度和对比度；

（2）仅仅是改变亮度和对比度会让画面变化很生硬，所以需要添加"色相/饱和度"效果来辅助调整，使画面的变化更自然。

## 操作步骤

❶ 在"项目"面板空白处单击鼠标右键，在弹出的快捷菜单中执行"导入>文件"命令，如图6-71所示。

图6-71

❷ 在弹出的"导入文件"对话框中选择"天气变换素材.mp4"文件，单击"导入"按钮，如图6-72所示。

❸ 选中"项目"面板中的"天气变换素材.mp4"素材，单击鼠标右键，在弹出的快捷菜单中执行"基于所选项新建合成"命令，如图6-73所示。

图6-72

图6-73

❹ 选中"天气变换素材"图层，执行"效果>颜色校正>亮度/对比度"命令，可以通过改变画面的亮度和明暗反差度来表达天气的变化，在"效果控件"面板中设置0s处的"亮度"属性的值为-35、"对比度"属性的值为40，如图6-74所示。画面效果如图6-75所示。

图6-74

图6-75

❺ 选中"天气变换素材"图层,执行"效果>颜色校正>色相/饱和度"命令,在"效果控件"面板中设置"通道控制"为蓝色,设置"蓝色饱和度"属性的值为-65、"蓝色亮度"属性的值为-45,如图6-76所示。画面效果如图6-77所示。

图6-76

图6-77

❻ 选中"天气变换素材"图层,执行"效果>颜色校正>亮度/对比度"命令,在"效果控件"面板中设置5s处的"亮度"属性的值为40、"对比度"属性的值为-40,此时画面明暗反差变弱,可以表现正午时候光线充足的效果,如图6-78所示。画面效果如图6-79所示。

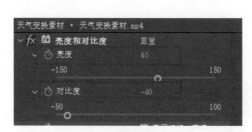

图6-78

图6-79

❼ 选中"天气变换素材"图层,执行"效果>颜色校正>亮度/对比度"命令,在"效果控件"面板中设置10s处的"亮度"属性的值为-150、"对比度"属性的值为100,如图6-80所示。画面效果如图6-81所示。

图6-80

图6-81

❽ 按空格键预览最终效果,如图6-82所示。

图6-82

## 实例：去色保留视频的制作

📁 **资源位置**

微课视频

🎬 **素材位置**　素材文件>CH06>实例：去色保留素材.mp4

📄 **实例位置**　实例文件>CH06>6.2.5实例：去色保留视频的制作.aep

💻 **视频位置**　视频文件>CH06>6.2.5实例：去色保留视频的制作.mp4

✏️ **技术掌握**　"亮度/对比度"工具的应用

　　本实例主要帮助读者了解"亮度/对比度"工具的应用，掌握影视制作中常见的去色保留视频的制作方法。最终效果如图6-83所示。

图6-83

⚙️ 设计思路

　　（1）明确需要去色的部分是帐篷，所以需要通过蒙版把它先选出来；
　　（2）去掉颜色也就是没有色相，没有饱和度，所以要利用"色相/饱和度"效果来去掉颜色。

🖱️ 操作步骤

　　❶ 在"项目"面板空白处单击鼠标右键，在弹出的快捷菜单中执行"导入>文件"命令，如图6-84所示。

After Effects 2022影视后期制作实战教程（全彩微课版）

② 在弹出的"导入文件"对话框中选择"去色保留素材.mp4"文件，单击"导入"按钮，如图6-85所示。

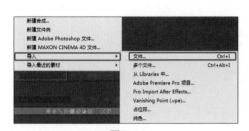

图6-84　　　　　　　　　　　　　图6-85

③ 选中"项目"面板中的"去色保留素材.mp4"素材，单击鼠标右键，在弹出的快捷菜单中执行"基于所选项新建合成"命令，如图6-86所示。

④ 选中"去色保留素材"图层，将其复制一层并命名为"帐篷"。在"帐篷"图层中使用"钢笔工具" ![钢笔] 绘制一个大致可以包括帐篷的蒙版，如图6-87所示。激活该蒙版中"蒙版路径"的动画关键帧，在整个视频的持续时间范围内调整蒙版路径，使蒙版始终可以把帐篷包括在内，如图6-88所示。

图6-86

图6-87

图6-88

⑤ 选中"帐篷"图层，执行"效果>颜色校正>色相/饱和度"命令，并将"通道控制"设置为"红色"，调整"红色亮度"属性的值为-100，如图6-89所示。画面效果如图6-90所示。

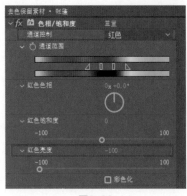

图6-89　　　　　　　　　　　　　　　　图6-90

⑥ 选中"去色保留素材"图层，执行"效果>颜色校正>色相/饱和度"命令，将"主饱和度"属性的值设为-100，如图6-91所示。画面效果如图6-92所示。

图6-91　　　　　　　　　　　　　　　　图6-92

⑦ 选中"帐篷"图层，执行"效果>颜色校正>色相/饱和度"命令，并将"通道控制"设置为"红色"，调整"红色饱和度"属性的值为47、"红色亮度"属性的值设为-45，如图6-93所示。

⑧ 按空格键预览最终效果，如图6-94所示。

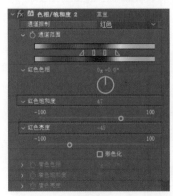

图6-93　　　　　　　　　　　　　　　　图6-94

After Effects 2022影视后期制作实战教程（全彩微课版）

## 6.2.6 实例：公交车颜色变换效果的制作

本实例主要帮助读者了解"更改为颜色"工具的应用，掌握影视制作中公交车颜色变换效果的制作方法。最终效果如图6-95所示。

图6-95

**设计思路**

（1）要想颜色变换效果更加贴合，最好采用纯色面积较大、颜色较单一的素材；

（2）颜色变换的本意其实就是更改颜色，所以需要添加"更改为颜色"效果。

**操作步骤**

❶ 在"项目"面板空白处单击鼠标右键，在弹出的快捷菜单中执行"导入>文件"命令，如图6-96所示。

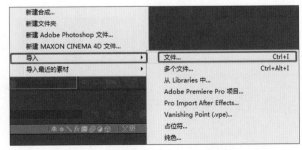

图6-96

❷ 在弹出的"导入文件"对话框中选择"公交车颜色变换.jpg"文件，单击"导入"按钮，如图6-97所示。

❸ 选中"项目"面板中的"公交车颜色变换.jpg"素材，单击鼠标右键，在弹出的快捷菜单中执行"基于所选项新建合成"命令，如图6-98所示。

图6-97

图6-98

④ 选中"公交车颜色变换"图层，执行"效果>颜色校正>更改为颜色"命令，设置"自"的颜色为需要更改的车辆颜色，方法为用"吸管工具" ![吸管]吸取车辆本来的颜色，设置"至"的颜色为绿色（R=0、G=255、B=0），如图6-99所示。画面效果如图6-100所示。

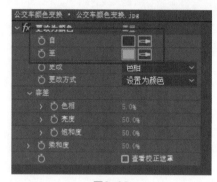

图6-99

图6-100

⑤ 选中"公交车颜色变换"图层，在"效果控件"面板中更改"色相"属性的值为7%、"亮度"属性的值为44%、"饱和度"属性的值为34%、"柔和度"属性的值为58%，如图6-101所示。画面效果如图6-102所示。

图6-101

图6-102

⑥ 按空格键预览最终效果，如图6-103所示。

图6-103

## 6.3 实战训练：水墨画效果的制作

⭐ 资源位置

| | | |
|---|---|---|
| 🚌 素材位置 | 素材文件>CH06>实战训练：水墨画效果制作素材.mp4 | |
| 📄 实例位置 | 实例文件>CH06>实战训练：水墨画效果的制作.aep | |
| 🖥 视频位置 | 视频文件>CH06>实战训练：水墨画效果的制作.mp4 | |
| ✏ 技术掌握 | "颜色校正"工具的应用 | |

微课视频

　　本实战将一个普通的风景视频制作成水墨画的效果，以帮助读者提高"颜色校正"工具的实战运用技能。最终效果如图6-104所示。

图6-104

⚙ 设计思路

　　（1）水墨画效果最终呈现为模糊且低饱和度的画面；
　　（2）用"色相/饱和度"效果降低画面的饱和度；
　　（3）用"高斯模糊"制作模糊效果。

① 在"项目"面板空白处单击鼠标右键，在弹出的快捷菜单中执行"导入>文件"命令，如图6-105所示。

图6-105

② 在弹出的"导入文件"对话框中选择"水墨画效果制作素材.mp4"文件，单击"导入"按钮，如图6-106所示。

③ 选中"项目"面板中的"水墨画效果制作素材.mp4"素材，单击鼠标右键，在弹出的快捷菜单中执行"基于所选项新建合成"命令，如图6-107所示。

图6-106

图6-107

④ 选中"水墨画效果制作素材"图层，执行"效果>颜色校正>色相/饱和度"命令，设置"主饱和度"属性的值为-90，如图6-108所示。画面效果如图6-109所示。

图6-108

图6-109

⑤ 选中"水墨画效果制作素材"图层，执行"效果>杂色和颗粒>中间值"命令，并设置"半径"属性的值为6，如图6-110所示。画面效果如图6-111所示。

图6-110

图6-111

⑥ 选中"水墨画效果制作素材"图层，执行"效果>模糊与锐化>高斯模糊"命令，并设置"模糊度"属性的值为3，如图6-112所示。画面效果如图6-113所示。

图6-112

图6-113

⑦ 将"项目"面板中的"水墨画效果制作素材.mp4"素材再次添加到"时间轴"面板中并命名为"素材2"，然后更改该图层的叠加模式为"相乘"，将"不透明度"属性的值更改为45%，如图6-114所示。画面效果如图6-115所示。

图6-114

图6-115

⑧ 选中"素材2"图层，执行"效果>颜色校正>色相/饱和度"命令，设置"主饱和度"属性的值为-90，如图6-116所示。画面效果如图6-117所示。

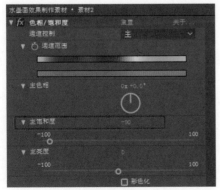

图6-116

图6-117

⑨ 选中"素材2"图层，执行"效果>风格化>查找边缘"命令，设置"与原始图像混合"属性的值为80%，如图6-118所示。画面效果如图6-119所示。

图6-118

图6-119

⑩ 选中"素材2"图层，执行"效果>风格化>发光"命令，设置"发光阈值"属性的值为90%、"发光半径"属性的值为15、"发光强度"属性的值为0.5，如图6-120所示。画面效果如图6-121所示。

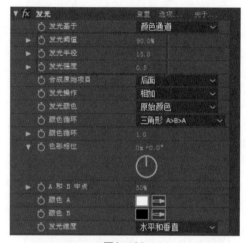

图6-120

图6-121

# 第 7 章 | 抠像效果

## 本章导读

在After Effects中，抠像是制作虚拟场景的重要手段之一，可让整个实景画面更有层次感和设计感。本章主要介绍各种抠像效果的使用方法，以帮助读者掌握多种抠像方法，学会大部分的视频抠像操作。

## 学习要点

- 什么是抠像
- 亮度键
- 高级溢出抑制器
- 内部/外部键
- 差值遮罩
- 提取
- 线性颜色键
- 颜色范围
- 颜色差值键

## 7.1 抠像特效

本节主要讲解在After Effects中如何进行抠像操作、抠像的作用是什么，以及不同的抠像效果需要用到哪些工具等。

### 7.1.1 什么是抠像

"抠像"一词是从早期的电视制作中得来的，英文为Keylight，意思就是吸取画面中的某一种颜色作为透明色，将该颜色从画面中删除，从而使背景变为透明。在室内拍摄的人物经抠像后与各种场景叠加在一起，就形成了各种奇特的效果，如图7-1和图7-2所示。

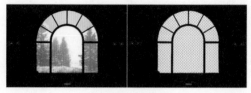

图7-1                         图7-2

## 7.1.2 亮度键

"亮度键"工具用于根据图层的亮度对图像进行抠像处理,可以将图像中具有指定亮度的所有像素都删除,从而创建透明效果,且不会影响到滤镜效果。"亮度键"的参数设置如图7-3所示。

图7-3

## 7.1.3 高级溢出抑制器

"高级溢出抑制器"工具用于去除键控后的图像中残留的键控色的痕迹,消除图像边缘溢出的键控色。这些溢出的键控色往往是由背景的反射造成的。"高级溢出抑制器"在"效果和预设"面板中的位置如图7-4所示。

图7-4

After Effects 2022影视后期制作实战教程(全彩微课版)

### 7.1.4 内部/外部键

"内部/外部键"工具用于设置图层的遮罩路径，从而确定要隔离的物体边缘，把前景物体从它的背景中隔离出来。利用该滤镜特效可以将具有不规则边缘的物体从它的背景中隔离出来。这里使用的遮罩路径可以十分粗略，不一定正好在物体的四周边缘。"内部/外部键"的参数设置如图7-5所示。

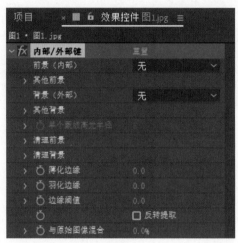

图7-5

### 7.1.5 差值遮罩

"差值遮罩"工具用于对比源图层和对比图层的颜色值，从而将源图层中与对比图层中颜色相同的像素删除，创建透明效果。该滤镜特效的典型应用就是将一个复杂背景中的移动物体合成到其他场景中，通常情况下对比图层采用源图层的背景图像。"差值遮罩"的参数设置如图7-6所示。

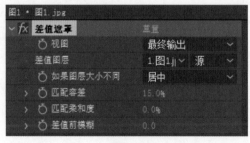

图7-6

### 7.1.6 提取

"提取"工具用于调整图像的亮度范围，从而创建透明效果。图像中所有与指定的亮度范围相近的像素都将被删除，对于具有黑色背景或白色背景的图像，或者是背景亮度与保留对象之间亮度反差很大的复杂背景图像的抠像处理是该滤镜特效的强项。该滤镜特效还可以用来删除影片中的阴影。"提取"的参数设置如图7-7所示。

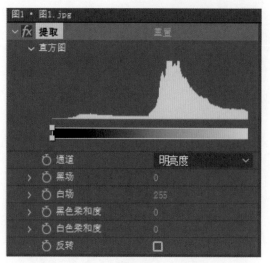

图7-7

### 7.1.7 线性颜色键

"线性颜色键"工具既可以用于抠像，也可以用于保护其他误删除但不该删除的颜色区域。如果在图像中抠出的物体包含被抠像颜色，对其进行抠像时这些区域可能也会变成透明区域。这时通过对图像应用该滤镜特效，然后在滤镜的"效果控件"面板中设置"主要操作>保持颜色"选项，可找回不该删除的部分。"线性颜色键"的参数设置如图7-8所示。

图7-8

### 7.1.8 颜色范围

"颜色范围"工具用于去除Lab模式、YUV模式和RGB模式中指定的颜色范围，从而创建透明效果。用户可以对多种颜色组成的背景屏幕图像，如不均匀光照并且包含同种颜色阴影的蓝色或绿色屏幕图像应用该滤镜特效。"颜色范围"的参数设置如图7-9所示。

图7-9

## 7.1.9 颜色差值键

"颜色差值键"工具用于把图像划分为两个蒙版透明效果。"局部蒙版B"使指定的抠像颜色变为透明,"局部蒙版A"使图像中不包含第二种不同颜色的区域变为透明。这两种蒙版效果联合起来就得到第三种蒙版效果,即背景变为透明。"颜色差值键"的参数设置如图7-10所示。

图7-10

# 7.2 抠像效果设计实例

本节主要通过实例讲解抠像效果的实际运用，帮助读者掌握抠像所需用到的"颜色差值键""Keylight(1.2)""Keylight"效果，并且制作出相应的动画效果。

## 7.2.1 实例：促销广告的制作

> **资源位置**
>
> 素材位置　素材文件>CH07>7.2.1实例：促销广告的制作>01.jpg、02.jpg
> 实例位置　实例文件>CH07>7.2.1实例：促销广告的制作.aep
> 视频位置　视频文件>CH07>7.2.1实例：促销广告的制作.mp4
> 技术掌握　"颜色差值键"工具的应用

本实例主要帮助读者了解"颜色差值键"工具的应用，掌握影视作品中常见的纯色背景抠像的方法。最终效果如图7-11所示。

图7-11

⚙ **设计思路**

（1）因为促销广告的主体物是在蓝色背景上，所以需要利用"颜色差值键"把主体物提取出来；

（2）利用图层之间的遮挡关系给图层排序，并调整位置和大小，使画面构图更合理。

![操作步骤]

❶ 按Ctrl+N组合键，弹出"合成设置"对话框，在"合成名称"文本框中输入"抠像"，其他设置如图7-12所示。单击"确定"按钮，创建一个新的合成。

❷ 执行"文件>导入>文件"命令，在弹出的"导入文件"对话框中选择文件，单击"导入"按钮，导入素材文件到"项目"面板中，如图7-13所示。

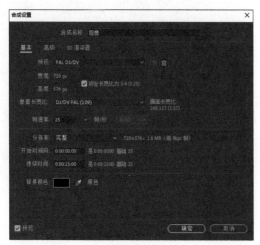

图7-12

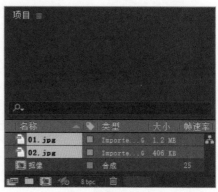

图7-13

❸ 在"项目"面板中选中"01.jpg"文件，并将其拖曳至"图层"面板中，按S键显示"缩放"属性，设置"缩放"属性的值为（25、25%），如图7-14所示。"合成"面板中的效果如图7-15所示。

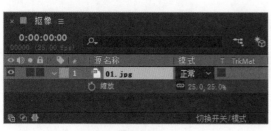

图7-14

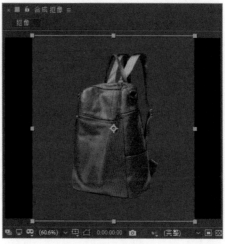

图7-15

❹ 选中"01.jpg"图层，执行"效果>抠像>颜色差值键"命令，在"效果控件"面板中进行参数设置，如图7-16所示。"合成"面板中的效果如图7-17所示。

❺ 按Ctrl+N组合键，弹出"合成设置"对话框，在"合成名称"文本框中输入"最终效果"，其他设置如图7-18所示。单击"确定"按钮，创建一个新的合成。

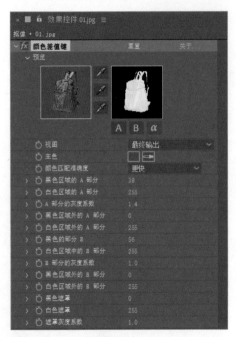

图7-16

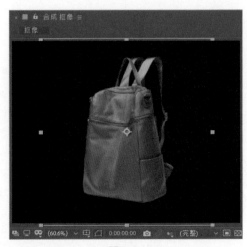

图7-17

⑥ 在"项目"面板中选中"02.jpg"文件，并将其拖曳至"图层"面板中，如图7-19所示。

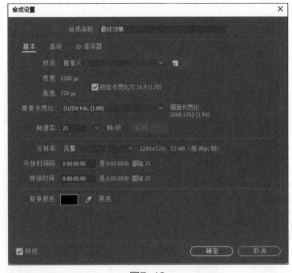

图7-18

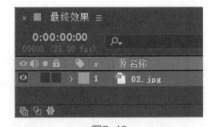

图7-19

⑦ 在"项目"面板中选中"抠像"合成，并将其拖曳至"图层"面板中，如图7-20所示。"合成"面板中的效果如图7-21所示。

⑧ 选中"抠像"图层，按P键显示"位置"属性，设置"位置"属性的值为（863、362），如图7-22所示。"合成"面板中的效果如图7-23所示。

图7-20

图7-21

图7-22

图7-23

⑨ 执行"效果>透视>投影"命令,在"效果控件"面板中进行设置,如图7-24所示。

⑩ 抠像效果制作完成,如图7-25所示。

图7-24

图7-25

**资源位置**

素材位置　素材文件>CH07>7.2.2实例：手机屏幕画面替换效果的制作>
画面替换.mp4、画面替换内容.mp4

实例位置　实例文件>CH07>7.2.2实例：手机屏幕画面替换效果的制作.aep

视频位置　视频文件>CH07>7.2.2实例：手机屏幕画面替换效果的制作.mp4

技术掌握　"Keylight(1.2)"工具的应用

微课视频

本实例主要帮助读者了解"Keylight(1.2)"工具的应用，掌握影视作品中常见的绿幕背景抠像的方法。最终效果如图7-26所示。

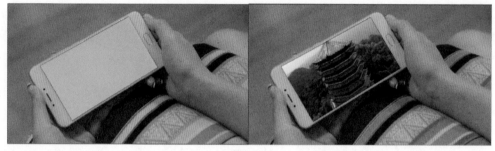

图7-26

⚙ **设计思路**

（1）分析素材，因为手机显示部分是绿色的，要想在手机上显示画面，首先需要利用"Keylight(1.2)"去掉绿色；

（2）因为图层之间的遮挡关系是上面的图层遮挡下面的图层，所以要看到的画面素材应该放在最下面。

**操作步骤**

❶ 在"项目"面板空白处单击鼠标右键，在弹出的快捷菜单中执行"导入>文件"命令，如图7-27所示。

图7-27

❷ 在弹出的"导入文件"对话框中选择"画面替换.mp4"和"画面替换内容.mp4"文件，单击"导入"按钮，如图7-28所示。

❸ 选中"项目"面板中的"画面替换.mp4"素材，单击鼠标右键，在弹出的快捷菜单中执行"基于所选项新建合成"命令，如图7-29所示。

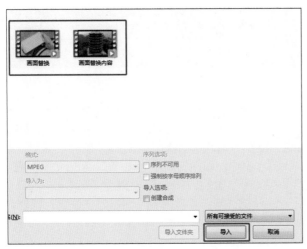

图7-28

图7-29

❹ 选中"画面替换"图层，执行"效果>抠像>Keylight(1.2)"命令，如图7-30所示。

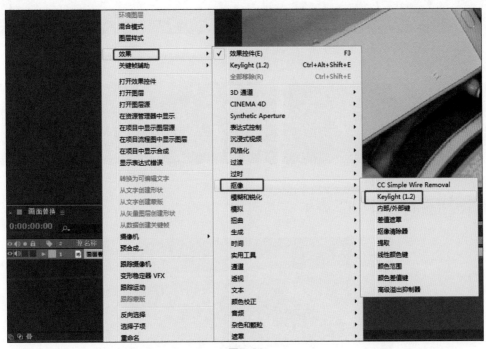

图7-30

❺ 选择"吸管工具" ，吸取画面中需要替换的画面颜色，效果如图7-31所示。

❻ 添加"画面替换内容"图层，并将其置于"画面替换"图层之下，如图7-32所示。

图7-31                               图7-32

⑦ 选中"画面替换内容"图层，在0s处把"画面替换内容"图层的"位置"属性、"缩放"属性、"旋转"属性的值分别设置为（723.3、501.8）、（70、70%）、0x-29°，如图7-33所示；在2s处把"画面替换内容"图层的"位置"属性、"缩放"属性、"旋转"属性的值分别设置为（657.4、501.8）、（70、70%）、0x-29°，如图7-34所示；在3s处把"画面替换内容"图层的"位置"属性、"缩放"属性、"旋转"属性的值分别设置为（653.1、430.5）、70%、0x-29°，如图7-35所示；在最后一帧处把"画面替换内容"图层的"位置"属性、"缩放"属性、"旋转"属性的值分别设置为（665.3、501.8）、（70、70%）、0x-29°，如图7-36所示。

图7-33

图7-34

图7-35

图7-36

⑧ 按空格键预览最终效果，如图7-37所示。

图7-37

# 7.3 实战训练：复杂抠图

**资源位置**

| | 素材位置 | 素材文件>CH07>实战训练：复杂抠图>01.jpg、02.jpg |
| | 实例位置 | 实例文件>CH07>实战训练：复杂抠图.aep |
| | 视频位置 | 视频文件>CH07>实战训练：复杂抠图.mp4 |
| | 技术掌握 | "Keylight(1.2)"工具的应用 |

微课视频

本实战主要帮助读者了解"Keylight(1.2)"工具的应用，掌握影视制作中常见的复杂抠图的方法。最终效果如图7-38所示。

图7-38

**设计思路**

（1）分析素材，因为人物素材背景是蓝色的，所以需要利用"Keylight(1.2)"去掉蓝色，提取出人物素材；

（2）因为图层之间的遮挡关系是上面的图层遮挡下面的图层，所以人物图层应该放在最上面。

**操作步骤**

❶ 按Ctrl+N组合键，弹出"合成设置"对话框，在"合成名称"文本框中输入"抠像"，其他设置如图7-39所示。单击"确定"按钮，创建一个新的合成。

❷ 执行"文件>导入>文件"命令，在弹出的"导入文件"对话框中选择文件，单击"导入"按钮，导入图片到"项目"面板中，如图7-40所示。

❸ 在"项目"面板中选中"02.jpg"文件，并将其拖曳至"图层"面板中，如图7-41所示。"合成"面板中的效果如图7-42所示。

图7-39

图7-40

图7-41

图7-42

④ 执行"效果>Keying>Keylight(1.2)"命令，选择"Screen Colour"属性右侧的"吸管工具" 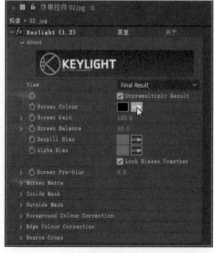，如图7-43所示。吸取背景素材上的蓝色，效果如图7-44所示。

图7-43

图7-44

⑤ 在"效果控件"面板中进行设置，如图7-45所示。"合成"面板中的效果如图7-46所示。

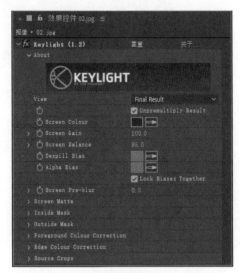

图7-45

图7-46

⑥ 按Ctrl+N组合键，弹出"合成设置"对话框，在"合成名称"文本框中输入"复杂抠像"，其他设置如图7-47所示。单击"确定"按钮，创建一个新的合成。

图7-47

⑦ 在"项目"面板中选中"01.jpg"文件和"抠像"合成，并将它们拖曳至"图层"面板中，图层的排列顺序如图7-48所示。

图7-48

⑧ 选中"抠像"图层，按S键显示"缩放"属性，设置"缩放"属性的值为（53、53%），如图7-49所示。"合成"面板中的效果如图7-50所示。

图7-50

图7-49

⑨ 按P键显示"位置"属性，设置"位置"属性的值为（533、336），如图7-51所示。

⑩ 复杂抠像制作完成，效果如图7-52所示。

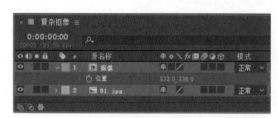

图7-51

图7-52

# 第 8 章 跟踪与表达式

**本章导读**

　　本章对After Effects中的跟踪与表达式进行了介绍，重点讲解跟踪的种类、表达式的创建和表达式的编写方法。通过对本章的学习，读者可以掌握After Effects中跟踪和表达式的使用方法。

**学习要点**

- 单点跟踪
- 多点跟踪
- 创建表达式
- 编写表达式

## 8.1 了解跟踪与表达式

　　本节主要讲解After Effects中的跟踪与表达式的基础知识，以帮助读者通过运动跟踪和表达式的综合应用来创建出不同的画面效果，满足不同的影片需要，这也是非线性后期软件的优势。

### 8.1.1 单点跟踪

　　某些合成效果中可能需要让某种特效跟踪另外一个物体运动，从而创建出想要的效果。例如，动态跟踪通过跟踪人物的运动轨迹，使调节图层与人的运动轨迹相同，得到需要的合成效果，如图8-1所示。

图8-1

### 8.1.2 多点跟踪

在某些影片的合成过程中，经常需要将动态影片中的某一部分图像设置成其他图像，从而制作出想要的跟踪效果。例如，动态跟踪通过跟踪标牌上的4个点的运动轨迹，使指定置换的图像与标牌的运动轨迹相同，如图8-2所示。

图8-2

### 8.1.3 创建表达式

在"图层"面板中选择一个需要创建表达式的控制属性，在菜单栏中执行"动画>添加表达式"命令，激活该属性。该属性被激活后，可以在属性条中直接输入表达式覆盖现有的文字。创建了表达式的属性中会自动增加启用开关、显示图表、表达式拾取和语言菜单等工具，如图8-3所示。

图8-3

### 8.1.4 编写表达式

用户可以在"图层"面板中的表达式编辑区直接编写表达式，也可以通过其他文本工具编写表达式。如果通过其他文本工具编写表达式，只需将表达式复制粘贴到表达式编辑区即可。在编写自己的表达式时，可能需要一些JavaScript语法和数学基础知识，如图8-4所示。

图8-4

## 8.2 跟踪与表达式设计实例

本节主要通过实例讲解跟踪效果的实际运用，以帮助读者掌握跟踪点的制作方法、跟踪面板的参数调整方法，从而能够通过跟踪点的编辑来制作相应的动画效果。

After Effects 2022影视后期制作实战教程（全彩微课版）

## 8.2.1　实例：单点跟踪

📁 **资源位置**

🔧 素材位置　素材文件>CH08>8.2.1实例：单点跟踪>01.avi

📑 实例位置　实例文件>CH08>8.2.1实例：单点跟踪.aep

🖥 视频位置　视频文件>CH08>8.2.1实例：单点跟踪.mp4

✏ 技术掌握　单点跟踪的应用

微课视频

本实例主要帮助读者了解单点跟踪的应用，掌握影视制作中常见的设置单点跟踪的方法。最终效果如图8-5所示。

图8-5

⚙ **设计思路**

（1）单点跟踪要确定一个跟踪点，通过跟踪器来自动跟踪，所以要先确定以眼睛作为跟踪点；

（2）在二维空间，跟踪器跟踪的轴向是$X$轴和$Y$轴，需要手动确认。

🖱 操作步骤

**1. 制作跟踪点**

❶ 按Ctrl+N组合键，弹出"合成设置"对话框，在"合成名称"文本框中输入"单点跟踪"，其他设置如图8-6所示。单击"确定"按钮，创建一个新的合成。

❷ 执行"文件>导入>文件"命令，在弹出的"导入文件"对话框中选择文件，单击"导入"按钮，导入视频文件到"项目"面板中，如图8-7所示。

❸ 在"项目"面板中选中"01.avi"文件，并将其拖曳至"图层"面板中，如图8-8所示。

❹ 执行"图层>新建>空对象"命令，在"图层"面板中新建一个"空1"图层，如图8-9所示。

图8-6

图8-7

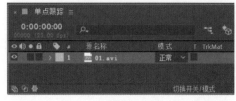

图8-8

图8-9

⑤ 按S键显示"缩放"属性，设置"缩放"属性的值为67%，如图8-10所示。

⑥ 执行"窗口>跟踪器"命令，打开"跟踪器"面板，如图8-11所示。

图8-10

图8-11

⑦ 选中"01.avi"图层，在"跟踪器"面板中单击"跟踪运动"按钮，使面板处于激活状态，如图8-12所示。"合成"面板中的效果如图8-13所示。

图8-12

图8-13

⑧ 拖曳控制点到人物眼睛的位置，如图8-14所示。在"跟踪器"面板中单击"向前分析"按钮▶，自动跟踪计算，如图8-15所示。

图8-14

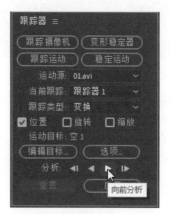

图8-15

⑨ 在"跟踪器"面板中单击"应用"按钮，如图8-16所示，弹出"动态跟踪器应用选项"对话框，单击"确定"按钮，如图8-17所示。

图8-16

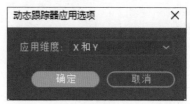

图8-17

⑩ 选中"01.avi"图层，按U键展开所有关键帧，可以看到前面设置的控制点经过跟踪计算后所产生的一系列关键帧，如图8-18所示。

图8-18

⑪ 选中"空1"图层，按U键展开所有关键帧，同样可以看到跟踪所产生的一系列关键帧，如图8-19所示。

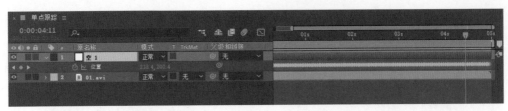

图8-19

## 2. 编辑形状

❶ 将时间指示器放置在0s的位置，执行"图层>新建>调整图层"命令，在"图层"面板中新建一个调整图层，如图8-20所示。选中"调整图层1"图层，选择"椭圆工具" ⬭ ，在"合成"面板中拖曳鼠标指针绘制一个椭圆形蒙版，如图8-21所示。

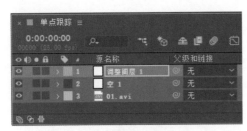

图8-20

图8-21

❷ 选中"调整图层1"图层，执行"效果>颜色校正>色阶"命令，在"效果控件"面板中进行设置，如图8-22所示。"合成"面板中的效果如图8-23所示。

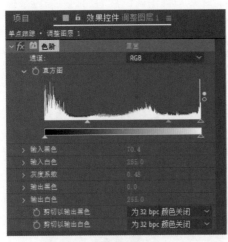

图8-22

图8-23

❸ 按F键显示"蒙版羽化"属性，设置"蒙版羽化"属性的值为20像素，如图8-24所示。"合成"面板中的效果如图8-25所示。

154

图8-24

图8-25

④ 选中"调整图层1"图层，在"图层"面板中设置"父级和链接"为"2.空1"，如图8-26所示。

⑤ 单点跟踪制作完成，效果如图8-27所示。

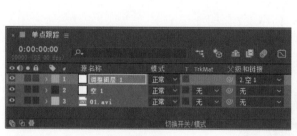

图8-26

图8-27

## 8.2.2 实例：跟踪对象运动

📌 **资源位置**

| | | |
|---|---|---|
| 素材位置 | 素材文件>CH08>8.2.2实例：跟踪对象运动>01.mp4、02.mp4 |  |
| 实例位置 | 实例文件>CH08>8.2.2实例：跟踪对象运动.aep | |
| 视频位置 | 视频文件>CH08>8.2.2实例：跟踪对象运动.mp4 | |
| 技术掌握 | 跟踪器的应用 | |

本实例主要帮助读者了解跟踪器的应用，掌握影视制作中常见的设置跟踪对象运动的方法。最终效果如图8-28所示。

图8-28

## ⚙ 设计思路

（1）跟踪对象运动需要用到多点跟踪，所以在跟踪器的设置中需要设置成"透视边角定位"选中四个定位点进行跟踪；

（2）在二维空间，跟踪器跟踪的轴向是$X$轴和$Y$轴，需要手动确认。

## 操作步骤

❶ 按Ctrl+N组合键，弹出"合成设置"对话框，在"合成名称"文本框中输入"最终效果"，其他设置如图8-29所示。单击"确定"按钮，创建一个新的合成。

❷ 执行"文件>导入>文件"命令，在弹出的"导入文件"对话框中选择文件，单击"导入"按钮，导入文件到"项目"面板中，如图8-30所示。

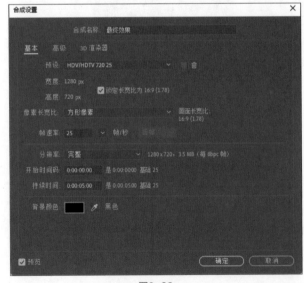

图8-29

图8-30

❸ 在"项目"面板中选中"01.mp4"文件，并将其拖曳至"图层"面板中，按S键显示"缩放"属性，设置"缩放"属性的值为（67、67%），如图8-31所示。"合成"面板中的效果如图8-32所示。

After Effects 2022影视后期制作实战教程（全彩微课版）

图8-31

图8-32

④ 在"项目"面板中选中"02.mp4"文件,并将其拖曳至"图层"面板中,按S键显示"缩放"属性,设置"缩放"属性的值为(37、37%),如图8-33所示。"合成"面板中的效果如图8-34所示。

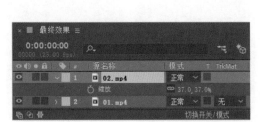

图8-33

图8-34

⑤ 执行"窗口>跟踪器"命令,打开"跟踪器"面板,如图8-35所示。

⑥ 选中"01.mp4"图层,在"跟踪器"面板中单击"跟踪运动"按钮,使面板处于激活状态,如图8-36所示。"合成"面板中的效果如图8-37所示。

图8-35

图8-36

图8-37

⑦ 在"跟踪器"面板的"跟踪类型"下拉列表中选择"透视边角定位"选项,如图8-38所示。"合成"面板中的效果如图8-39所示。

图8-38  图8-39

⑧ 用鼠标指针分别拖曳4个控制点到画面的4个角，如图8-40所示。

⑨ 在"跟踪器"面板中单击"向前分析"按钮▶自动跟踪计算，如图8-41所示。单击"应用"按钮，完成跟踪的设置，如图8-42所示。

图8-40  图8-41  图8-42

⑩ 选中"01.mp4"图层，按U键展开所有关键帧，可以看到前面设置的控制点经过跟踪计算后所产生的一系列关键帧，如图8-43所示。

图8-43

⓫ 选中 "02.mp4" 图层，按U键展开所有关键帧，同样可以看到跟踪所产生的一系列关键帧，如图8-44所示。

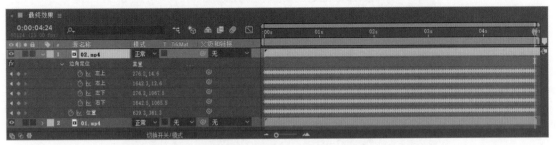

图8-44

⓬ 跟踪对象运动制作完成，效果如图8-45所示。

图8-45

## 8.3 实战训练：放大镜效果的制作

本实战主要帮助读者了解跟踪和表达式的综合应用，掌握影视制作中常见的放大镜效果的制作方法。最终效果如图8-46所示。

图8-46

## ⚙ 设计思路

（1）放大镜效果是跟踪放大画面的某个部位，所以需要利用跟踪器做出跟踪效果；

（2）放大镜里面画面的放大效果需要跟着放大镜的动态做出，所以需要添加表达式来制作动画效果。

## 🖱 操作步骤

### 1. 导入图片

❶ 按Ctrl+N组合键，弹出"合成设置"对话框，在"合成名称"文本框中输入"放大镜效果"，其他设置如图8-47所示。单击"确定"按钮，创建一个新的合成。

❷ 执行"文件>导入>文件"命令，在弹出的"导入文件"对话框中选择文件，单击"导入"按钮，导入图片到"项目"面板中，如图8-48所示。

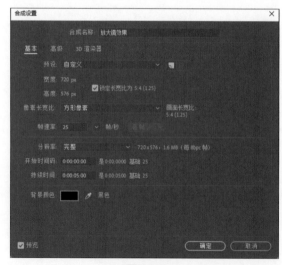

图8-47

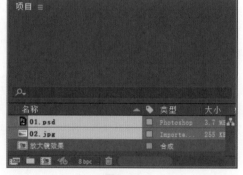

图8-48

❸ 在"项目"面板中选中"01.psd""02.jpg"文件，并将其拖曳至"图层"面板中，图层的排列顺序如图8-49所示。

图8-49

## 2. 制作放大效果

① 选中"01.psd"图层,按S键显示"缩放"属性,设置"缩放"属性的值为(40、40%),如图8-50所示。

② 选择"向后平移(锚点)工具" ,按住鼠标左键在"合成"面板中移动鼠标指针,调整放大镜中心点的位置,如图8-51所示。

图8-50

图8-51

③ 按P键显示"位置"属性,设置"位置"属性的值为(388.3、177),如图8-52所示。

④ 将时间指示器放置在0s的位置,单击"位置"属性左侧的"关键帧自动记录器"按钮 ,记录第1个关键帧,如图8-53所示。

图8-52

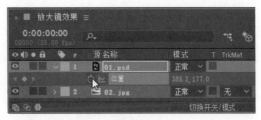

图8-53

⑤ 将时间指示器放置在1:07s的位置,设置"位置"属性的值为(482.7、240.5),记录第2个关键帧,如图8-54所示。

⑥ 将时间指示器放置在2:14s的位置,设置"位置"属性的值为(394.7、334.7),记录第3个关键帧,如图8-55所示。

⑦ 将时间指示器放置在3:15s的位置,设置"位置"属性的值为(485、329.8),记录第4个关键帧,如图8-56所示。

⑧ 将时间指示器放置在4:24s的位置,设置"位置"属性的值为(270.8、301.8),记录第5个关键帧,如图8-57所示。

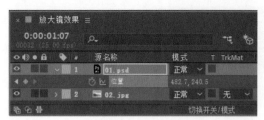

图8-54

图8-55

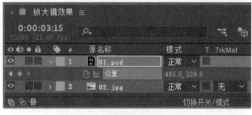

图8-56

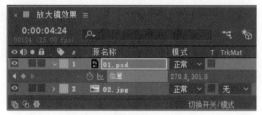

图8-57

⑨ 将时间指示器放置在0s的位置，如图8-58所示。选中"01.psd"图层，按R键显示"旋转"属性，单击"旋转"属性左侧的"关键帧自动记录器"按钮，记录第1个关键帧，如图8-59所示。

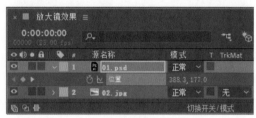

图8-58

图8-59

⑩ 将时间指示器放置在2s的位置，设置"旋转"属性的值为0x+20°，记录第2个关键帧，如图8-60所示。

⑪ 将时间指示器放置在4:24s的位置，设置"旋转"属性的值为0x+30°，记录第3个关键帧，如图8-61所示。

图8-60

图8-61

⑫ 将时间指示器放置在0s的位置，选中"02.jpg"图层，执行"效果>扭曲>球面化"命令，在"效果控件"面板中进行设置，如图8-62所示。"合成"面板中的效果如图8-63所示。

⑬ 展开"球面化"属性组，选中"球面中心"属性，执行"动画>添加表达式"命令，为"球面中心"属性添加一个表达式。在"时间轴"面板左侧输入表达式代码"thisComp.layer("01.psd").position"，如图8-64所示。

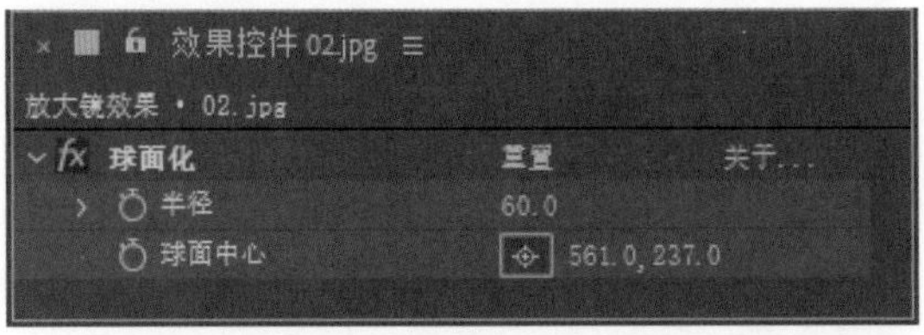

图8-63

图8-62

图8-64

⑭ 放大镜制作完成，效果如图8-65所示。

图8-65

# 第 9 章　文字效果

**本章导读**

　　文字是设计作品中非常常见的元素，它不仅可以用于说明作品信息，而且可以美化版面，让作品传达的内容更加直观、深刻。After Effects有非常强大的文字创建与编辑功能，用户不仅可以使用多种文字工具，而且可以使用多种参数设置面板修改文字效果。本章主要讲解多种类型文字的创建及文字属性的编辑方法，让文字形成一种视觉符号，展现文字独特的魅力。

**学习要点**

- 创建文字图层
- 文字属性
- 路径文本
- 编号
- 时间码

## 9.1　文字效果的创建与编辑

　　本节主要讲解文字效果的创建与编辑。After Effects的工具箱中提供了创建文字的工具，包括"横排文字工具" **T** 和"直排文字工具"，用户可以根据需要创建水平文字和垂直文字。在"文字"面板中可以设置字体类型、字号、颜色、字间距、行间距和比例关系等。在"段落"面板中可以设置文本左对齐、中心对齐和右对齐等。

### 9.1.1　创建文字图层

　　在菜单栏中执行"图层>新建>文字"命令，可以创建一个文字图层。创建文字图层后，可以直接在面板中输入需要的文字，如图9-1所示。

图9-1

## 9.1.2 文字属性

文字属性用于创建文字的各种效果，可以指定文字的字体、样式、方向及排列等。

可以将文字创建在一个现有的图像图层中。勾选"在原始图像上合成"复选框，可以将文字与图像融合在一起；取消勾选该复选框，则只使用文字。文字属性中还提供了位置、填充和描边、大小、跟踪和排列等选项。

## 9.1.3 路径文本

"路径文本"效果用于制作字符沿某一条路径运动的动画效果。执行"效果>过时>路径文本"命令，打开"路径文本"面板，在该面板中可以设置字体和样式，如图9-2所示。

图9-2

### 9.1.4 编号

使用"编号"效果可生成不同格式的随机数或序数，如小数、日期和时间码，甚至是当前日期和时间（在渲染时）。序数的最大偏移值是30000。此效果适用于8-bpc颜色。在"编号"面板中可以设置文本的字体、样式、方向和对齐方式等。

### 9.1.5 时间码

"时间码"效果主要用于在素材图层中显示时间信息或者关键帧上的编码信息，也用于将时间码的信息译成密码并保存在图层中进行显示。在"时间码"面板中可以设置显示格式、时间源、丢帧、起始帧、文本位置、文字大小和文本颜色等。

## 9.2 文字效果设计实例

### 9.2.1 实例：粒子汇聚为文字的制作

⭐ 资源位置

🎬 素材位置　素材文件>CH09>9.2.1实例：粒子汇聚为文字的制作>01.mov
📄 实例位置　实例文件>CH09>9.2.1实例：粒子汇聚为文字的制作.aep
💻 视频位置　视频文件>CH09>9.2.1实例：粒子汇聚为文字的制作.mp4
✏️ 技术掌握　文字动画效果的应用

微课视频

本实例主要帮助读者了解文字动画效果的应用，掌握影视作品中常见的粒子汇聚为文字的制作方法。最终效果如图9-3所示。

图9-3

## ⚙ 设计思路

（1）粒子汇聚文字效果是把分散的粒子汇聚成文字的样式，需要为文字添加"CCpixelpolly"效果；

（2）通过粒子只能做出破碎效果，要想让它汇聚，还要采用倒放效果来制作。

## 🖱 操作步骤

### 1. 输入文字并添加特效

❶ 按Ctrl+N组合键，弹出"合成设置"对话框，在"合成名称"文本框中输入"粒子发散"，其他设置如图9-4所示。单击"确定"按钮，创建一个新的合成。

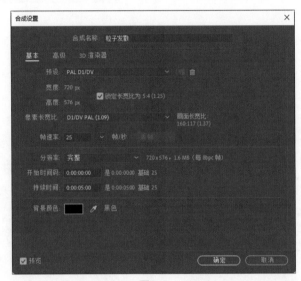

图9-4

❷ 选择"横排文字工具" 🅣，在"合成"面板中输入文字"璀璨星空"。选中文字，在"字符"面板中对文字进行设置，如图9-5所示。"合成"面板中的效果如图9-6所示。

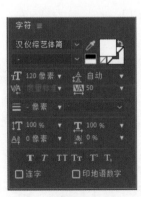

图9-5

图9-6

❸ 选中文字图层，执行"效果>模拟>CC Pixel Polly"命令，在"效果控件"面板中进行设置，如图9-7所示。"合成"面板中的效果如图9-8所示。

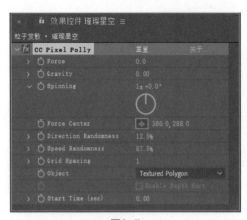

图9-7　　　　　　　　　　　　　　　　　　　　图9-8

④ 将时间指示器放置在0s的位置，在"效果控件"面板中单击Force属性左侧的"关键帧自动记录器"按钮，记录第1个关键帧，如图9-9所示。

⑤ 将时间指示器放置在4:24s的位置，在"效果控件"面板中设置Force属性的值为100，记录第2个关键帧，如图9-10所示。

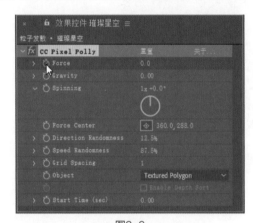

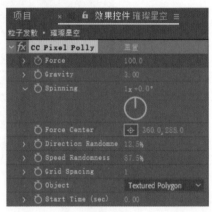

图9-9　　　　　　　　　　　　　　　　　　　　图9-10

⑥ 将时间指示器放置在3s的位置，在"效果控件"面板中单击Gravity属性左侧的"关键帧自动记录器"按钮，记录第1个关键帧，如图9-11所示。

⑦ 将时间指示器放置在4s的位置，在"效果控件"面板中设置Gravity属性的值为3，记录第2个关键帧，如图9-12所示。

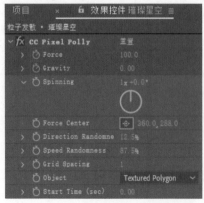

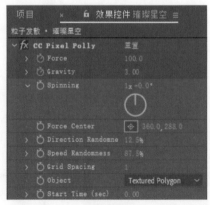

图9-11　　　　　　　　　　　　　　　　　　　图9-12

⑧ 将时间指示器放置在0s的位置，执行"效果>风格化>发光"命令，在"效果控件"面板中设置"颜色A"为红色（R=255、G=0、B=0），设置"颜色B"为橙黄色（R=255、G=114、B=0），其他设置如图9-13所示。"合成"面板中的效果如图9-14所示。

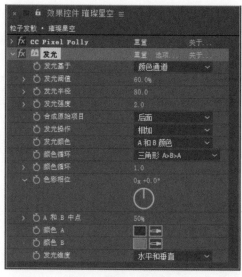

图9-13

图9-14

⑨ 执行"效果>Trapcode>Shine"命令，在"效果控件"面板中进行设置，如图9-15所示。"合成"面板中的效果如图9-16所示。

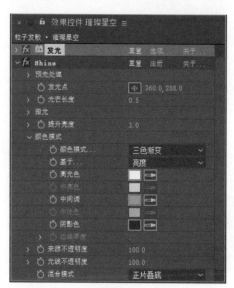

图9-15

图9-16

2. 制作动画倒放效果

① 按Ctrl+N组合键，弹出"合成设置"对话框，在"合成名称"文本框中输入"粒子汇集"，其他设置如图9-17所示。单击"确定"按钮，创建一个新的合成。

② 执行"文件>导入>文件"命令，在弹出的"导入文件"对话框中选择要导入的文件，单击"导入"按钮，将文件导入"项目"面板中。在"项目"面板中选中"粒子发散"合成和"01.mov"文件，将它们拖曳至"图层"面板中，如图9-18所示。

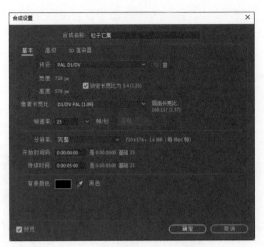

图9-17

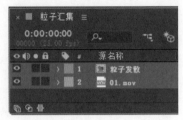

图9-18

❸ 选中"粒子发散"图层，执行"图层>时间>时间伸缩"命令，弹出"时间伸缩"对话框，设置"拉伸因数"的值为-100%，单击"确定"按钮，如图9-19所示。

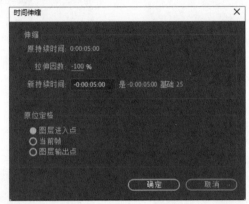

图9-19

❹ 此时时间指示器自动移到0帧的位置，如图9-20所示。按[键，将素材对齐，实现倒放功能，如图9-21所示。

图9-20

图9-21

❺ 粒子汇聚文字制作完成，效果如图9-22所示。

After Effects 2022影视后期制作实战教程（全彩微课版）

图9-22

## 9.2.2 实例：打字效果的制作

**资源位置**

| | | |
|---|---|---|
| 素材位置 | 素材文件>CH09>9.2.2实例：打字效果的制作>01.jpg | |
| 实例位置 | 实例文件>CH09>9.2.2实例：打字效果的制作.aep | |
| 视频位置 | 视频文件>CH09>9.2.2实例：打字效果的制作.mp4 | |
| 技术掌握 | "打字机"效果的应用 | |

本实例主要帮助读者了解"打字机"效果和文字关键帧动画的应用，掌握影视制作中常见的打字效果的制作方法。最终效果如图9-23所示。

图9-23

**⚙ 设计思路**

（1）打字效果是逐字逐显的，所以要通过关键帧配合文字来制作；

（2）利用"打字机"效果的添加和设置，配合关键帧制作打字效果。

① 按Ctrl+N组合键，弹出"合成设置"对话框，在"合成名称"文本框中输入"打字效果"，其他设置如图9-24所示。单击"确定"按钮，创建一个新的合成。

② 执行"文件>导入>文件"命令，在弹出的"导入文件"对话框中选择要导入的文件，单击"导入"按钮，将图片导入"项目"面板中，如图9-25所示。然后将其拖曳至"图层"面板中。

图9-24　　　　　　　　　　　　　　　　　　　图9-25

③ 选择"横排文字工具" T，在"合成"面板中输入文字"晒后美白修护保湿霜提取海洋植物精华，能够有效舒缓和减轻肌肤敏感现象，保持肌肤的自然白皙。"并选中文字，在"字符"面板对文字进行设置，如图9-26所示。"合成"面板中的效果如图9-27所示。

图9-26　　　　　　　　　　　　　　　　　　　图9-27

④ 选中文字图层，将时间指示器放置在0s的位置，如图9-28所示。

⑤ 执行"窗口>效果和预设"命令，打开"效果和预设"面板，执行"Text>Animate In>打字机"命令，应用效果。"合成"面板中的效果如图9-29所示。

⑥ 按U键展开所有关键帧，如图9-30所示。

⑦ 将时间指示器放置在9:03s的位置，按住Shift键的同时拖曳第2个关键帧至时间指示器所在位置，如图9-31所示。

After Effects 2022影视后期制作实战教程（全彩微课版）

图9-28

图9-29

图9-30

图9-31

⑧ 打字效果制作完成，如图9-32所示。

图9-32

# 9.3 实战训练：烟飘文字的制作

📁 **资源位置**

| 素材位置 | 素材文件>CH09>实战训练：烟飘文字的制作>01.jpg |
| --- | --- |
| 实例位置 | 实例文件>CH09>实战训练：烟飘文字的制作.aep |
| 视频位置 | 视频文件>CH09>实战训练：烟飘文字的制作.mp4 |
| 技术掌握 | 文字动画效果的综合应用 |

微课视频

本实战主要帮助读者了解文字动画效果的综合应用，掌握影视作品中常见的烟飘文字的制作方法。最终效果如图9-33所示。

图9-33

## ⚙ 设计思路

（1）将文字制作成烟飘效果呈现的是漂浮分散，带有一点模糊感；
（2）通过"噪波"来实现文字飘散的效果；
（3）通过添加模糊效果来使文字效果和背景更融合。

## 🖱 操作步骤

### 1. 输入文字与添加噪波

❶ 按Ctrl+N组合键，弹出"合成设置"对话框，在"合成名称"文本框中输入"文字"，如图9-34所示，单击"确定"按钮，创建一个新的合成。

❷ 选择"横排文字工具" **T**，在"合成"面板中输入文字"After Effects"。选中文字，在"字符"面板中设置"填充颜色"为黄色（R=255、G=246、B=0），其他设置如图9-35所示。"合成"面板中的效果如图9-36所示。

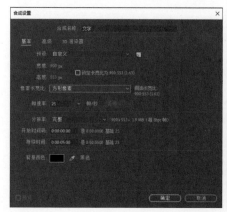

图9-34

图9-35

图9-36

③ 按Ctrl+N组合键，弹出"合成设置"对话框，在"合成名称"文本框中输入"噪波"，如图9-37所示。单击"确定"按钮，创建一个新的合成。

④ 执行"图层>新建>纯色"命令，弹出"纯色设置"对话框，在"名称"文本框中输入文字"噪波"，将"颜色"设置为灰色（R=135、G=135、B=135），单击"确定"按钮，在"图层"面板中新建一个灰色纯色图层，如图9-38所示。

图9-37            图9-38

⑤ 选中"噪波"图层，执行"效果>杂色和颗粒>分形杂色"命令，在"效果控件"面板中进行设置，如图9-39所示。"合成"面板中的效果如图9-40所示。

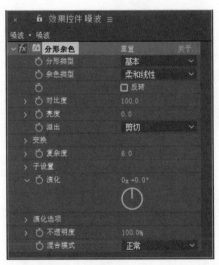

图9-39            图9-40

⑥ 将时间指示器放置在0s的位置，在"效果控件"面板中单击"演化"属性左侧的"关键帧自动记录器"按钮◎，记录第1个关键帧，如图9-41所示。

⑦ 将时间指示器放置在4:24s的位置，在"效果控件"面板中设置"演化"属性的值为3x+0°，记录第2个关键帧，如图9-42所示。

图9-41

图9-42

**2. 添加蒙版效果**

① 选择"矩形工具" ▣，在"合成"面板中拖曳鼠标指针绘制一个矩形蒙版，如图9-43所示。

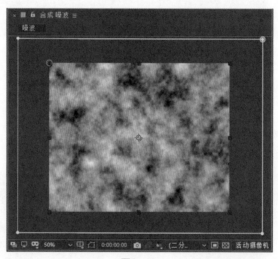

图9-43

② 按F键显示"蒙版羽化"属性，设置"蒙版羽化"属性的值为（70、70），如图9-44所示。

③ 将时间指示器放置在0s的位置，选中"噪波"图层，按两次快捷键M显示"蒙版"属性，单击"蒙版形状"属性左侧的"关键帧自动记录器"按钮 ▣，记录第1个蒙版形状关键帧，如图9-45所示。

图9-44

图9-45

④ 将时间指示器放置在4:24s的位置，选择"选取工具" ▶，在"合成"面板中同时选中

蒙版左侧的两个控制点，将控制点向右拖曳至适当的位置，如图9-46所示。记录第2个蒙版形状关键帧，如图9-47所示。

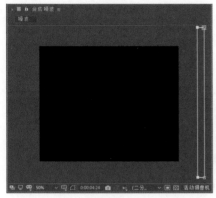

图9-46　　　　　　　　　　　　　　　　　　　　　　图9-47

⑤ 按Ctrl+N组合键，创建一个新的合成，并将其命名为"噪波2"。执行"图层>新建>纯色"命令，新建一个灰色纯色图层，并将其命名为"噪波2"。与前面制作"噪波"合成的步骤一样，添加"分形杂色"效果并添加关键帧。执行"效果>颜色校正>曲线"命令，在"效果控件"面板中调节曲线的参数，如图9-48所示。"合成"面板中的效果如图9-49所示。

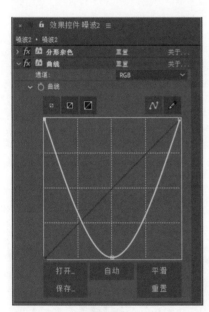

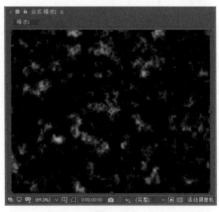

图9-48　　　　　　　　　　　　　　　　　　　　　　图9-49

⑥ 按Ctrl+N组合键，弹出"合成设置"对话框，在"合成名称"文本框中输入"烟飘文字"，如图9-50所示，单击"确定"按钮，创建一个新的合成。

⑦ 在"项目"面板中分别选中"文字"合成、"噪波"合成、"噪波2"合成，并将它们拖曳至"图层"面板中，图层的排列顺序如图9-51所示。

⑧ 执行"文件>导入>文件"命令，在弹出的"导入文件"对话框中选择文件，单击"导入"按钮，导入背景图片，如图9-52所示。

⑨ 在"项目"面板中选中"01.jpg"文件，将其拖曳至"图层"面板中，如图9-53所示。

图9-50

图9-51

图9-52

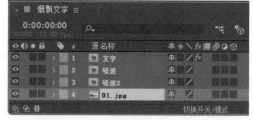

图9-53

⑩ 分别单击"噪波"图层、"噪波2"图层左侧的眼睛按钮，将图层隐藏。选中文字图层，执行"效果>模糊和锐化>复合模糊"命令，在"效果控件"面板中进行设置，如图9-54所示。"合成"面板中的效果如图9-55所示。

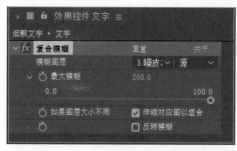

图9-54

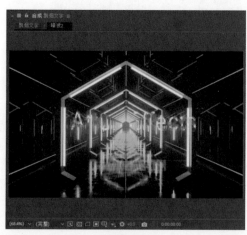

图9-55

⑪ 在"效果控件"面板中单击"最大模糊"属性左侧的"关键帧自动记录器"按钮 ，记录第1个关键帧，如图9-56所示。

⑫ 将时间指示器放置在4:24s的位置，在"效果控件"面板中设置"最大模糊"属性的值为0，记录第2个关键帧，如图9-57所示。

图9-56

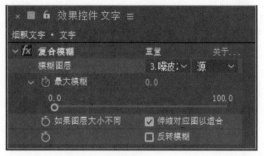

图9-57

⑬ 执行"效果>扭曲>置换图"命令，在"效果控件"面板中进行设置，如图9-58所示。

⑭ 烟飘文字制作完成，效果如图9-59所示。

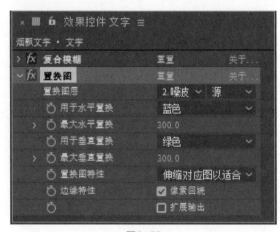

图9-58

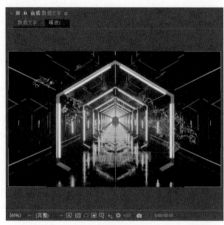

图9-59

# 第 10 章 三维合成效果

**本章导读**

在After Effects中，三维合成效果是制作属于自己风格的影片需要掌握的重要功能。用户通过配合使用三维图层和灯光、摄像机，可以做出各种三维效果，从而满足不同的创作需求。

**学习要点**

- 将二维图层转换成三维图层
- 变换位置
- 三维视图
- 三维图层的材质属性
- 创建摄像机
- 利用工具移动摄像机
- 设置摄像机和灯光的入点、出点

## 10.1 制作三维合成效果

本节主要讲解After Effects中三维合成效果的基础知识，以帮助读者掌握将二维图层转换成三维图层的方法，了解三维图层的位置属性，创建三维图层、摄像机、灯光并综合应用。

### 10.1.1 将二维图层转换成三维图层

除了声音图层以外，所有素材图层都可以转换为三维图层。将一个普通的二维图层转换为三维图层的方法非常简单，只需要在图层的右侧单击"3D图层" 按钮即可。展开图层属性，会发现在"变换"属性组中，"锚点"属性、"位置"属性、"缩放"属性、"方向"属性都包含z轴的信息，如图10-1所示。

图10-1

## 10.1.2 变换位置

对三维图层来说，"位置"属性由$x$、$y$、$z$ 3个维度的属性控制，如图10-2和图10-3所示。

图10-2

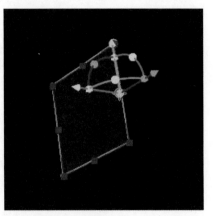

图10-3

## 10.1.3 三维视图

对三维空间的感知能力虽然并不需要经过专业的训练，但是在观察过程中，人们往往会由于各种原因（场景过于复杂等）而产生视错觉，无法仅仅通过对透视图的观察正确判断当前三维对象所处的具体空间状态，因此往往需要借助更多的视图（如顶部视图、活动摄像机视图、正面视图、右侧视图等）来获取三维对象准确的位置信息。

在进行三维创作时，虽然可以通过"3D视图"下拉列表方便地切换不同的视图，但是这种方法仍然不利于对各个视图进行对比，而且频繁地切换视图也会导致创作效率低下。After Effects中提供了多种视图方案，用户可以同时从多个角度观看三维空间，并在"合成"面板的"选定视图方案"下拉列表中选择需要的视图方案，如图10-4所示。

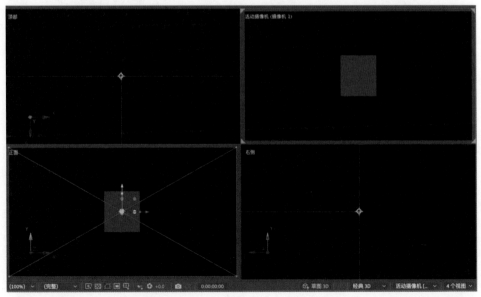

图10-4

## 10.1.4 三维图层的材质属性

当普通的二维图层被转换为三维图层时，该图层会增加一个全新的"材质选项"属性，可以通过此属性来设置三维图层如何响应光照系统，如图10-5所示。

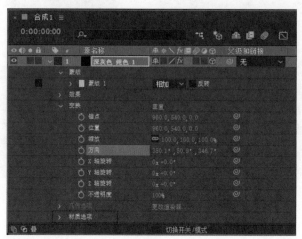

图10-5

## 10.1.5 创建摄像机

创建摄像机的方法很简单，执行"图层>新建>摄像机"命令，或按Ctrl+Shift+Alt+C组合键，然后在弹出的"摄像机设置"对话框中进行设置，单击"确定"按钮即可完成创建，如图10-6所示。

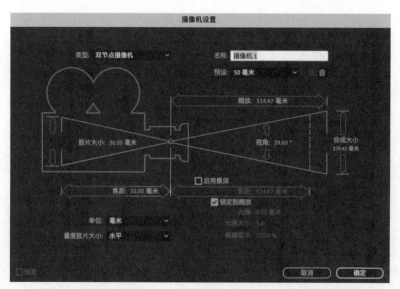

图10-6

After Effects 2022影视后期制作实战教程（全彩微课版）

## 10.1.6 利用工具移动摄像机

工具栏中有4个用来移动摄像机的工具。在当前工具上按住鼠标左键，即可弹出其他的工具选项，按C键可在这4个工具之间进行切换，如图10-7所示。

图10-7

## 10.1.7 设置摄像机和灯光的入点、出点

默认状态下，新创建的摄像机和灯光的入点与出点就是合成项目的入点与出点，它们将作用于整个合成项目。为了使多个摄像机或者多个灯光在不同时间段起作用，可以修改摄像机或者灯光的入点与出点，改变其持续时间，从而实现多个摄像机或者多个灯光在时间上的切换，如图10-8所示。

图10-8

# 10.2 三维合成效果设计实例

## 10.2.1 实例：运动文字的制作

---

📁 **资源位置**

💿 素材位置　素材文件>CH10>10.2.1实例：运动文字的制作>01.jpg、
　　　　　　　02.png~05.png
📄 实例位置　实例文件>CH10>10.2.1实例：运动文字的制作.aep
🖥 视频位置　视频文件>CH10>10.2.1实例：运动文字的制作.mp4
✏️ 技术掌握　三维图层和三维属性的应用

微课视频

---

本实例主要帮助读者了解三维图层和三维属性的应用，掌握影视后期制作中常见的运动文字的制作方法。最终效果如图10-9所示。

图10-9

### 设计思路

（1）分清二维和三维的基本差别，在3D图层下位置参数会多出一个Z轴来；

（2）通过图层间的遮挡关系，配合关键帧动画制作出文字的运动效果。

### 操作步骤

① 按Ctrl+N组合键，弹出"合成设置"对话框，在"合成名称"文本框中输入"运动文字"，其他设置如图10-10所示。单击"确定"按钮，创建一个新的合成。

② 执行"文件>导入>文件"命令，在弹出的"导入文件"对话框中选择文件，单击"导入"按钮，导入图片到"项目"面板中，如图10-11所示。

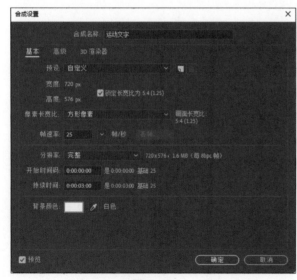

图10-10

图10-11

③ 在"项目"面板中选中"01.jpg"文件和"02.png"文件，并将它们拖曳至"图层"面板中，图层的排列顺序如图10-12所示。

After Effects 2022影视后期制作实战教程（全彩微课版）

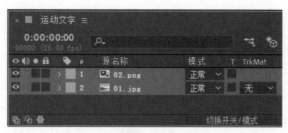

图10-12

④ 选中"02.png"图层,单击"02.png"图层右侧的"3D图层"按钮 ，打开三维属性,设置"变换"属性,如图10-13所示。"合成"面板中的效果如图10-14所示。

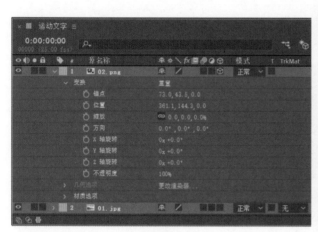

图10-13                                          图10-14

⑤ 单击"缩放"属性左侧的"关键帧自动记录器"按钮 ，记录第1个关键帧,如图10-15所示。

⑥ 将时间指示器放置在14s的位置,设置"缩放"属性的值为(100、100、100%),记录第2个关键帧,如图10-16所示。

图10-15                                          图10-16

⑦ 单击"Y轴旋转"属性左侧的"关键帧自动记录器"按钮 ，记录第1个关键帧,如图10-17所示。

⑧ 将时间指示器放置在1s的位置,设置"Y轴旋转"属性的值为1x+0°,记录第2个关键帧,如图10-18所示。

图10-17 图10-18

⑨ 在"项目"面板中选中"03.png"文件,并将其拖曳至"图层"面板中,图层的排列顺序如图10-19所示。

图10-19

⑩ 单击"03.png"图层右侧的"3D图层"按钮⬛,打开三维属性,设置"变换"属性,如图10-20所示。

⑪ 将时间指示器放置在14s的位置,分别单击"位置"属性和"Z轴旋转"属性左侧的"关键帧自动记录器"按钮⬤,记录第1个关键帧,如图10-21所示。

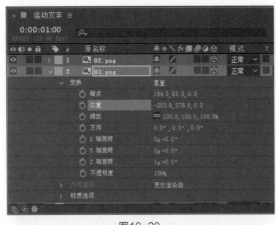

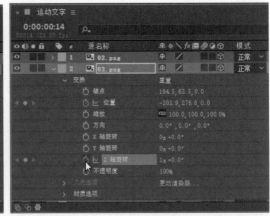

图10-20 图10-21

⑫ 将时间指示器放置在1s的位置,设置"位置"属性的值为(361.1、276.8、0),"Z轴旋转"属性左侧的值为1x+0°,记录第2个关键帧,如图10-22所示。

⑬ 在"项目"面板中选中"04.png"文件,并将其拖曳至"图层"面板中,图层的排列顺序如图10-23所示。

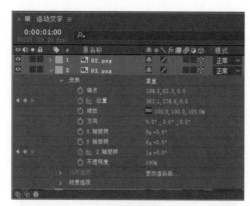

图10-22

图10-23

⓮ 单击"04.png"图层右侧的"3D图层"按钮🔲，打开三维属性，设置"变换"属性，如图10-24所示。

⓯ 单击"不透明度"属性左侧的"关键帧自动记录器"按钮🔘，记录第1个关键帧，如图10-25所示。

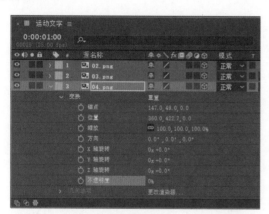

图10-24

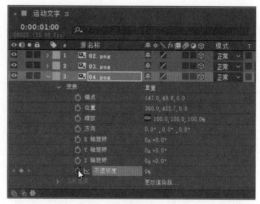

图10-25

⓰ 将时间指示器放置在1:10s的位置，设置"不透明度"属性的值为100%，记录第2个关键帧，如图10-26所示。

⓱ 将"项目"面板中的"05.png"文件拖曳至"图层"面板中，图层的排列顺序如图10-27所示。

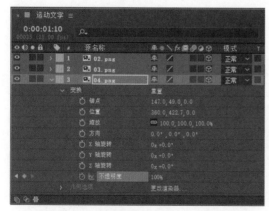

图10-26

图10-27

⑱ 单击"05.png"图层右侧的"3D图层"按钮⬛，打开三维属性，设置"变换"属性，如图10-28所示。

⑲ 将时间指示器放置在1:15s的位置，单击"锚点"属性左侧的"关键帧自动记录器"按钮⭕，记录第1个关键帧，如图10-29所示。

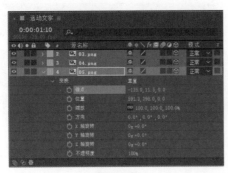

图10-28

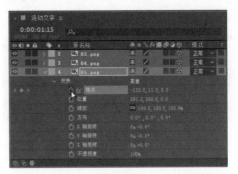

图10-29

⑳ 将时间指示器放置在1:22s的位置，设置"锚点"属性的值为（51、11.5、0），记录第2个关键帧，如图10-30所示。

㉑ 选中"05.png"图层，按Ctrl+D组合键复制图层。展开复制的图层的"变换"属性组，如图10-31所示。

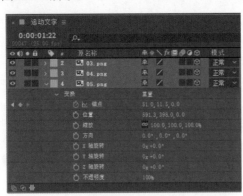

图10-30

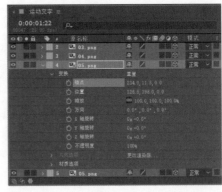

图10-31

㉒ 将时间指示器放置在1:15s的位置，单击"锚点"属性左侧的"关键帧自动记录器"按钮⭕，记录第1个关键帧，如图10-32所示。

㉓ 将时间指示器放置在1:22s的位置，设置"锚点"属性的值为（51、11.5、0），记录第2个关键帧，如图10-33所示。

图10-32

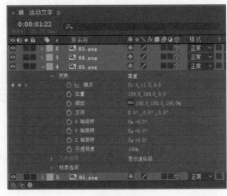

图10-33

After Effects 2022影视后期制作实战教程（全彩微课版）

㉔ 运动文字制作完成，效果如图10-34所示。

图10-34

## 10.2.2　实例：立体盒子相册的制作

**资源位置**

素材位置　素材文件>CH10>10.2.2实例：立体盒子相册的制作>
　　　　　图1.jpg～图4.jpg

实例位置　实例文件>CH10>10.2.2实例：立体盒子相册的制作.aep

视频位置　视频文件>CH10>10.2.2实例：立体盒子相册的制作.mp4

技术掌握　三维图层控制的具体应用

微课视频

本实例主要帮助读者了解三维图层和三维属性的应用，掌握影视制作中常见的立体盒子相册的制作方法。最终效果如图10-35所示。

图10-35

## 设计思路

（1）立体盒子的样式呈现为一个立方体，并且有边缘宽度；

（2）需要绘制出一个面并进行复制，旋转图层使之组合成一个立方体；

（3）通过摄像机的运动来代替立方体做运动。

## 操作步骤

❶ 在"项目"面板空白处单击鼠标右键，在弹出的快捷菜单中执行"导入>文件"命令，如图10-36所示。

❷ 在弹出的"导入文件"对话框中选择"图1.jpg"～"图4.jpg"文件，单击"导入"按钮，如图10-37所示。

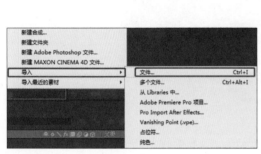

图10-36

图10-37

❸ 按Ctrl+N组合键新建合成，并将其命名为"总"，具体设置如图10-38所示。

❹ 按Ctrl+N组合键新建合成，并将其命名为"子"，具体设置如图10-39所示。

图10-38

图10-39

❺ 添加"图1"图层到"子"合成中，并分别调整"图1"图层的"位置"属性和"缩放"属性的值为（480、181）和（23.9、23.9%），如图10-40所示。

图10-40

⑥ 双击"矩形工具" ■，更改"填充"为"无"、"描边"为白色、大小为30像素，如图10-41
所示。画面效果如图10-42所示。

图10-41

图10-42

⑦ 将"子"合成拖入"总"合成中，如图10-43所示。画面效果如图10-44所示。

图10-43

图10-44

⑧ 按Ctrl+D组合键复制子图层，打开三维图层，并切换视图为顶部视图，如图10-45所示。

图10-45

⑨ 选中两个子图层，按P键显示"位置"属性，分别调整两个图层的位置为（960、540、
480）（960、540、-480），如图10-46所示。当前画面如图10-47所示。

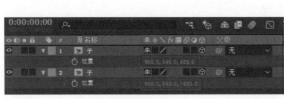

图10-46

图10-47

⑩ 选中两个子图层，按Ctrl+D组合键复制，在"图层"面板空白处单击鼠标右键，在弹出的快捷菜单中执行"新建>空对象"命令，新建一个空对象图层，并打开该图层的三维图层，按住Ctrl键的同时选中第2个和第4个子图层，将其父级关联至空对象图层，如图10-48所示。

图10-48

⑪ 选择空对象图层，按R键显示"旋转"属性，调整"Y轴旋转"属性的值为0x+90°，如图10-49所示。当前画面如图10-50所示。

图10-49

图10-50

⑫ 在"图层"面板空白处单击鼠标右键，在弹出的快捷菜单中执行"新建>摄像机"命令，设置摄像机"类型"为"双节点摄像机"，然后将"预设"调整为"35毫米"，如图10-51所示。

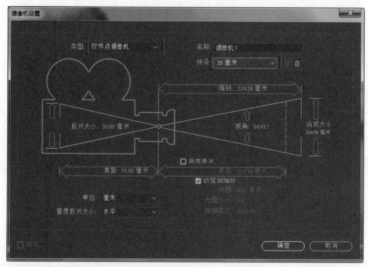

图10-51

⑬ 把视图切换成"2个视图-水平"，并把左边的视图方式改为"摄像机1"，如图10-52所示。画面效果如图10-53所示。

⑭ 选中摄像机图层，单击鼠标右键，在弹出的快捷菜单中执行"摄像机>创建空轨道"命令，创建"摄像机1空轨道"图层，如图10-54所示。

After Effects 2022影视后期制作实战教程（全彩微课版）

图10-52

图10-53

图10-54

⓯ 选择"摄像机1空轨道"图层，按R键显示"旋转"属性，在第0帧处添加"Y轴旋转"的关键帧，不改变默认值，在最后一帧处添加"Y轴旋转"关键帧，并设置其值为5x+0°，如图10-55所示。

图10-55

⓰ 在"项目"面板中选中"子"合成，按Ctrl+D组合键复制3个合成，分别命名为"子2""子3""子4"，如图10-56所示。

⓱ 分别打开合成"子2"～"子4"，选中合成中的图片图层，按住Alt键，分别拖曳"图2~图4"到合成"子2"～"子4"中，如图10-57~图10-59所示。

图10-56

图10-57                          图10-58

第10章

三维合成效果

193

图10-59

⑱ 打开"总"合成，按住 Alt键，分别拖曳"子2"～"子4"合成到"图层"面板中，替换第4～第6轨道的"子"合成，如图10-60所示。

⑲ 在"图层"面板空白处单击鼠标右键，在弹出的快捷菜单中执行"新建>纯色"命令，添加一个纯色图层，并将其拖曳至底层，如图10-61所示。

图10-60

图10-61

⑳ 选择纯色图层，执行"效果>生成>梯度渐变"命令，并设置"起始颜色"为深蓝色（R=45、G=57、B=96），设置"结束颜色"为深绿色（R=71、G=100、B=64），如图10-62所示。

㉑ 按空格键预览最终效果，如图10-63所示。

图10-62

图10-63

# 10.3 实战训练：穿梭的热气球

📁 资源位置

| | | |
|---|---|---|
| 素材位置 | 素材文件>CH10>实战训练：穿梭的热气球>01.jpg、02.png、03.png | |
| 实例位置 | 实例文件>CH10>实战训练：穿梭的热气球.aep | |
| 视频位置 | 视频文件>CH10>实战训练：穿梭的热气球.mp4 | |
| 技术掌握 | 三维合成的综合应用 | |

微课视频

本实战主要帮助读者了解三维合成的综合应用，掌握影视制作中常见的穿梭物体的制作方法。最终效果如图10-64所示。

图10-64

## ⚙ 设计思路

（1）热气球要想做出穿梭效果，就需要多复制几个并且使其互相遮挡；

（2）热气球要想穿梭，就不能是在二维空间进行遮挡，而要在三维空间进行位置调整；

（3）需要通过摄像机镜头来呈现画面。

## 🖱 操作步骤

❶ 按Ctrl+N组合键，弹出"合成设置"对话框，在"合成名称"文本框中输入"穿梭热气球"，其他设置如图10-65所示。单击"确定"按钮，创建一个新的合成。

❷ 执行"文件>导入>文件"命令，在弹出的"导入文件"对话框中选择文件，单击"导入"按钮，导入图片到"项目"面板中，如图10-66所示。

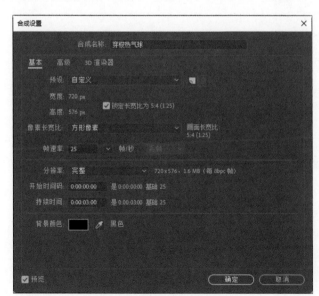

图10-65

图10-66

③ 在"项目"面板中选中"01.jpg"文件和"03.png"文件，并将它们拖曳至"图层"面板中，图层的排列顺序如图10-67所示。

④ 选中"03.png"图层，按R键显示"旋转"属性，单击"旋转"属性左侧的"关键帧自动记录器"按钮⑥，记录第1个关键帧，如图10-68所示。

图10-67

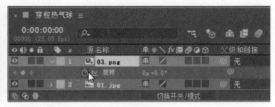

图10-68

⑤ 将时间指示器放置在2:24s的位置，设置"旋转"属性的值为1x+0°，记录第2个关键帧，如图10-69所示。

⑥ 将"项目"面板中的"02.png"文件拖曳至"图层"面板中，图层的排列顺序如图10-70所示。

图10-69

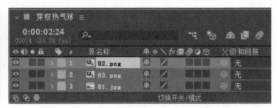

图10-70

⑦ 单击"02.png"图层右侧的"3D图层"按钮⑥，打开该图层的三维属性，设置"变换"属性，如图10-71所示。

⑧ 选中"02.png"图层，按Ctrl+D组合键4次，复制图层，如图10-72所示。

图10-71

图10-72

⑨ 选中图层4，展开"变换"属性组，相应设置如图10-73所示。

⑩ 选中图层3，展开"变换"属性组，相应设置如图10-74所示。

⑪ 选中图层2，展开"变换"属性组，相应设置如图10-75所示。

⑫ 选中图层1，展开"变换"属性组，相应设置如图10-76所示。

图10-73                                    图10-74

                       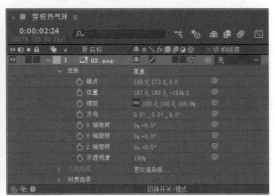

图10-75                                    图10-76

⑬ 执行"图层>新建>摄像机"命令，在弹出的"摄像机设置"对话框中进行设置，如图10-77所示。单击"确定"按钮，在"图层"面板中新建摄像机图层。

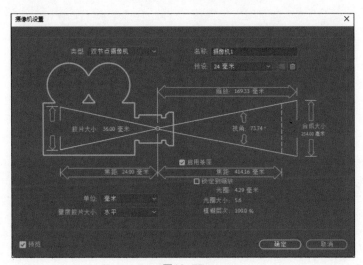

图10-77

⑭ 将时间指示器放置在0s的位置，选中"摄像机1"图层，展开"变换"属性组，相应设置如图10-78所示。

⑮ 执行"图层>新建>纯色"命令，在弹出的"纯色设置"对话框中进行设置，如图10-79所示。单击"确定"按钮，在"图层"面板中新建一个纯色图层并将其命名为"定位"。

图10-78

图10-79

⑯ 单击"定位"图层右侧的"3D图层"按钮，打开该图层的三维属性，设置"变换"属性，如图10-80所示。

⑰ 单击"位置"属性左侧的"关键帧自动记录器"按钮◎，记录第1个关键帧，如图10-81所示。

图10-80

图10-81

⑱ 将时间指示器放置在1min23s的位置，设置"位置"属性的值为（384、288、262.4），记录第2个关键帧，如图10-82所示。

⑲ 将时间指示器放置在3s的位置，设置"位置"属性的值为（360、288、743），记录第3个关键帧，如图10-83所示。

图10-82

图10-83

⑳ 选中"摄像机1"图层，设置"父级和链接"为"1.定位"，如图10-84所示。

㉑ 选中"定位"图层，按快捷键T显示"不透明度"属性，设置"不透明度"属性的值为0%，如图10-85所示。

图10-84　　　　　　　　　　　　　　图10-85

㉒ 穿梭的热气球制作完成，效果如图10-86所示。

图10-86

# 第11章 | 综合案例：炫酷霓虹灯片头的制作

## 本章导读

本章将综合应用本书所讲的After Effects的相关知识，进行高级影视片头的制作。

## 学习要点

- 新建合成并制作片头文字
- 添加文字特效
- 添加摄像机
- 渲染输出影片

### 📁 资源位置

| | | |
|---|---|---|
| 📄 实例位置 | 实例文件>CH11>综合案例：炫酷霓虹灯片头的制作.aep | |
| 🖥 视频位置 | 视频文件>CH11>综合案例：炫酷霓虹灯片头的制作.mp4 | |
| ✏ 技术掌握 | After Effects特效包装制作技术的综合应用 | |

微课视频

本章主要进行高级影视片头的制作，以帮助读者提高After Effects特效包装制作技术的综合应用水平。最终效果如图11-1所示。

图11-1

## ⚙ 设计思路

（1）霓虹灯效果呈现为跑马灯效果；

（2）需要识别文字的轮廓来制作轨迹动画；

（3）霓虹灯效果是彩色的，需要制作四色渐变效果。

## 11.1 新建合成并制作片头文字

❶ 按Ctrl+N组合键，弹出"合成设置"对话框，在"合成名称"文本框中输入"霓虹灯"，设置"帧速率"为"25"，如图11-2所示。单击"确定"按钮，创建一个新的合成。

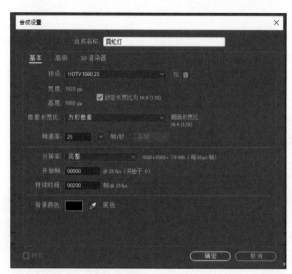

图11-2

❷ 使用"横排文字工具" ，输入片头文字"KEEP"，在"字符"面板中调整文字的字体和大小，将文字描边设置为白色、无填充，如图11-3所示。在"对齐"面板中将文字设置为对齐到合成中心，如图11-4所示。文字效果如图11-5所示。

图11-3

图11-4

图11-5

## 11.2 添加文字特效

❶ 在"KEEP"图层上单击鼠标右键，在弹出的快捷菜单中执行"创建>从文字创建形状"命令，如图11-6所示。

图11-6

② 在""KEEP"轮廓"图层的"内容"属性中,分别展开"K""E""E""P"的"描边1"属性,将"线段端点"改为"圆头端点",将"线段连接"改为"圆角连接",如图11-7所示。文字效果如图11-8所示。

图11-7

图11-8

③ 选中""KEEP"轮廓"图层,单击鼠标右键,在弹出的快捷菜单中执行"效果>生成>四色渐变"命令,如图11-9所示。

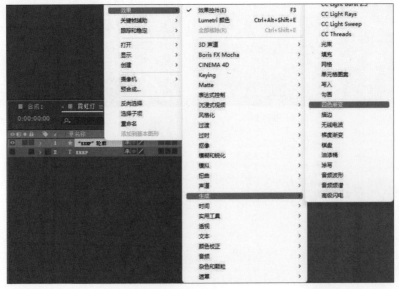

图11-9

④ 稍微调整四色渐变控制点的位置，如图11-10所示。

图11-10

⑤ 文字效果如图11-11所示。

图11-11

⑥ 在"KEEP"图层上单击鼠标右键，在弹出的快捷菜单中执行"创建>从文字创建蒙版"命令，如图11-12所示。

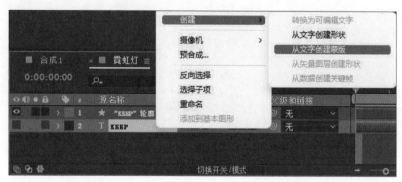

图11-12

⑦ 选择新生成的""KEEP"轮廓"图层，将其移至顶层，并为其添加"效果>Trapcode> 3D Stroke"效果，如图11-13所示。

⑧ 适当地调整"Thickness"（描边的粗细）属性以及"Start"（开始）属性的值，并勾选"Loop"（循环）复选框，具体的值如图11-14所示。

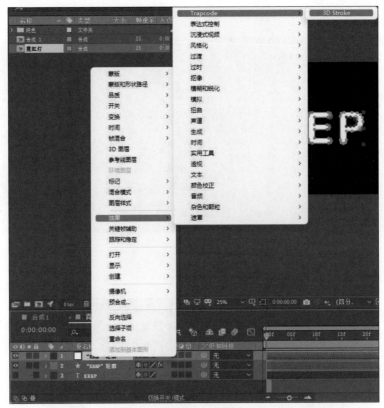

图11-13

图11-14

⑨ 展开"Taper"（变尖）属性值，勾选"Enable"（可能）复选框，然后根据效果调整"End Thickness"（结束的粗细）属性，如图11-15所示。

⑩ 通过添加"Offset"（偏移）的关键帧让拖尾动起来，设置第1帧处的值为-100，最后1帧处的值为0，并按F9键，将关键帧变为缓动关键帧，如图11-16所示。

⑪ 调整"Color"（颜色）属性，以文本的形状图层颜色做参考，添加关键帧，并按F9键把关键帧改为缓动关键帧，如图11-17所示。

After Effects 2022影视后期制作实战教程（全彩微课版）

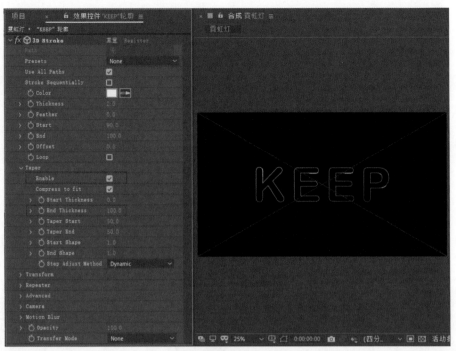

图11-15

图11-16

图11-17

⓬ 选择图层""KEEP"轮廓"，为该图层的"不透明度"添加关键帧，设置第0帧处的不透明度为0%，第20帧的时候透明度恢复到100%，持续到第180帧，第200帧的时候透明度为0%，并按F9键把关键帧改成缓动关键帧，如图11-18所示。

图11-18

⓭ 在"图层"面板中单击鼠标右键，在弹出的快捷菜单中执行"新建>空对象"命令，按P键显示"位置"属性。在图层""KEEP"轮廓"里找到K这个字母的蒙版路径，按Ctrl+C组合键复制，然后按Ctrl+V组合键粘贴到空对象的"位置"属性中。注意，时间指示器一定要放在起始帧处，如图11-19所示。

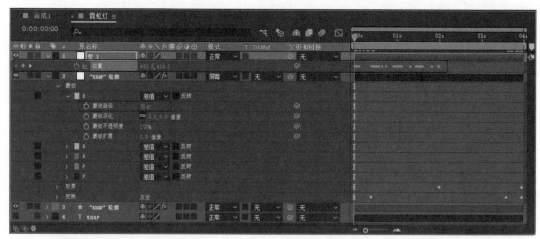

图11-19

⓮ 按Ctrl+Y组合键新建一个纯色图层，选中该纯色图层，单击鼠标右键，在弹出的快捷菜单中添加"效果>Video Copilot>Optical Flares"光效插件，如图11-20所示。

图11-20

⓯ 在"效果控件"面板中单击"Optical Flares"标题右侧的"选项"按钮，如图11-21所示。

图11-21

⓰ 在打开的"光学耀斑 操作界面"对话框中单击"全部清除"按钮，在弹出的对话框中单击"是"按钮，清除所有光效，如图11-22所示。

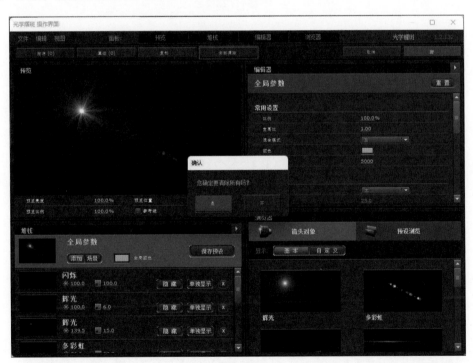

图11-22

⓱ 在"光学耀斑 操作界面"对话框中先添加一个"辉光"，并适当地缩小比例，如图11-23所示。

⓲ 在"光学耀斑 操作界面"对话框中再添加一个"条纹"，调整"长度"为6、"重复复制"为2，完成后单击右上角的"好"按钮，保存设置，如图11-24所示。

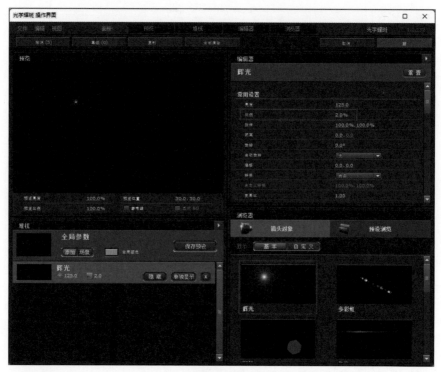

图11-23

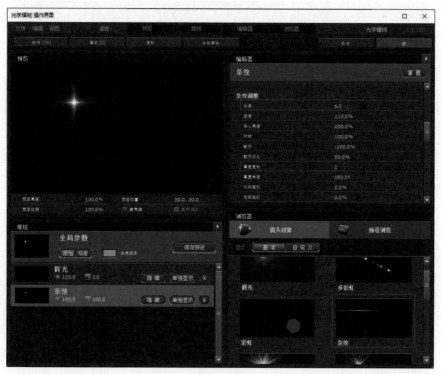

图11-24

⑲ "Optical Flares" 光效插件中的形态设置完成后，调整一下整体的尺寸，在"闪烁"属性组中调整"速度"属性和"数量"属性的值，此时光会闪烁，将图层模式改为"屏幕"，如图11-25所示。

图11-25

⑳ 因为后面要制作摄像机动画，所以这里把文本的形状图层、空对象都改为三维图层，同时将"来源类型"也改为"3D"，如图11-26所示。

图11-26

㉑ 把 "3D Stroke" 的颜色复制过来作为 "Optical Flares" 光效插件中光的颜色，如图11-27所示。

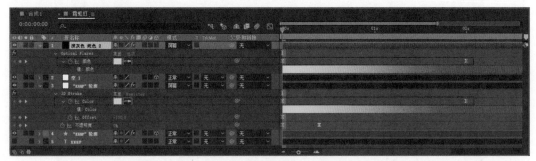

图11-27

㉒ 为 "Optical Flares" 光效插件中光的亮度添加关键帧，设置第0帧的值是20、第20帧的值是80，并且持续到第180帧，最后1帧的值变为0，如图11-28所示。

图11-28

㉓ 至此光的效果都调整好了，接下来就要让光跟随描边进行位移了。按住Alt键，同时单击纯色图层 "Optical Flares" 光效插件中的 "位置XY" 属性左侧的 "关键帧自动记录器" 按钮添加表达式，如图11-29所示。单击按钮并移动鼠标指针至 "空1" 图层的 "位置" 属性上，让它跟随空对象的位置，如图11-30所示。

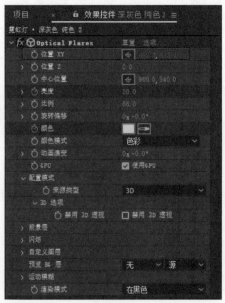

图11-29

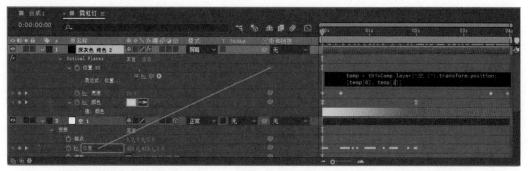

图11-30

㉔ 按住Alt键，同时单击纯色图层"Optical Flares"光效插件中"位置Z"属性左侧的"关键帧自动记录器"按钮  添加表达式，如图11-31所示。单击 按钮并移动鼠标指针至"空1"图层的"位置"属性上，让它跟随空对象的z位置，如图11-32所示。

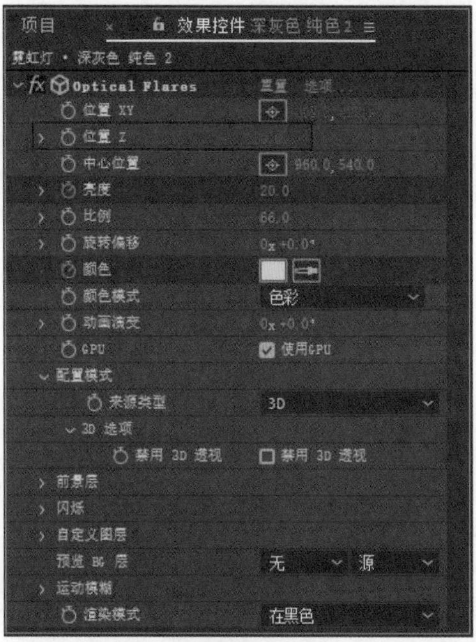

图11-31

图11-32

㉕ 把""KEEP"轮廓"图层复制一份，此刻可以看到每一个字母的路径上都有一个圆圈，这个圆圈就代表着路径的起始点，如图11-33和图11-34所示。

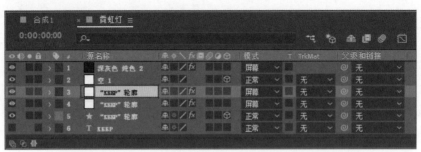

图11-33

图11-34

㉖ 用"选取工具"▶选中字母上的锚点，单击鼠标右键选择"设置第一个顶点"，此时路径就会从设置的顶点开始运动，如图11-35所示。

图11-35

㉗ 复制空对象，将""KEEP"轮廓"图层的路径复制给空对象的"位置"属性，调整关键帧匹配到总时长。复制光图层，对x轴、y轴、z轴分别进行关联。把光图层和蒙版图层的颜色渐变的顺序调整一下，第一个字母的效果就做好了，如图11-36所示。

㉘ 剩下的字母都是一样的操作。因为描边、不透明度、光效的关键帧以及图层的混合模式都已经设置好了，所以后面就只需要复制""KEEP"轮廓"图层，复制不同的蒙版路径给空对象的"位置"属性，然后用光图层进行关联，设置不同的第一个顶点，并且调整颜色等。将每一个复制

的""KEEP"轮廓"图层中其他字母的蒙版删掉，这样字母光效动画就完成了，效果如图11-37所示。

图11-36

图11-37

## 11.3　添加摄像机

❶ 在"图层"面板空白处单击鼠标右键，在弹出的快捷菜单中执行"新建>摄像机"命令，如图11-38所示。摄像机设置如图11-39所示。

图11-38

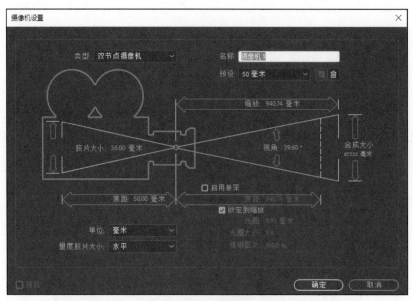

图11-39

② 选中"摄像机 1"图层，按P键显示"位置"属性，添加关键帧，制作摄像机推进动画，如图11-40所示。

图11-40

③ 选中形状图层""KEEP"轮廓"，为该图层添加"效果>风格化>发光"效果，如图11-41所示。

图11-41

④ 在"图层"面板空白处单击鼠标右键，在弹出的快捷菜单中执行"新建>调整图层"命令，新建一个调整图层，整体添加一个发光特效及曲线，并调整对比度，如图11-42所示。

After Effects 2022影视后期制作实战教程（全彩微课版）

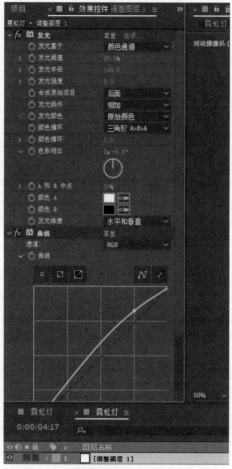

图11-42

# 11.4 渲染输出影片

在"渲染队列"面板中可以控制整个渲染进程，调整各个合成项目的渲染顺序，设置每个合成项目的渲染质量、输出格式和路径等。在添加新项目到渲染队列中时，"渲染队列"面板将自动打开，如果不小心关闭了该面板，也可以执行"窗口>渲染队列"命令或按Ctrl+Alt+O组合键，再次打开该面板。

❶ 渲染设置的方法：单击"渲染设置"右侧的按钮，在打开的下拉列表中选择"最佳设置"选项，单击"最佳设置"按钮，弹出"渲染设置"对话框，如图11-43所示。

❷ 渲染设置完成后，就可进行输出组件设置，主要是设置输出的格式和解码方式等。单击"输出模块"右侧的"无损"按钮，弹出"输出模块设置"对话框，如图11-44所示。

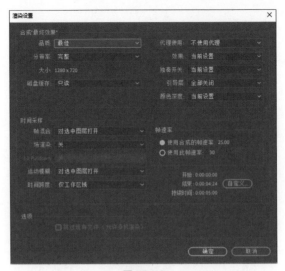

图11-43

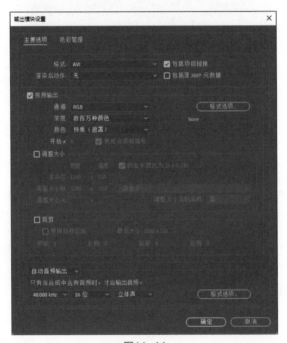

图11-44

❸ 设置输出位置的方法：单击"输出到"右侧的"尚未指定"按钮，选择输出位置设置后，单击"渲染"按钮，如图11-45所示。最终效果如图11-46所示。

图11-45

图11-46